D. R. Panchal

Ensaios de cimento e betão

D. R. Panchal

Ensaios de cimento e betão

ScienciaScripts

Cover image: www.ingimage.com

This book is a translation from the original published under ISBN 978-3-330-34740-3.

Publisher:
Sciencia Scripts
is a trademark of
Dodo Books Indian Ocean Ltd. and OmniScriptum S.R.L publishing group

120 High Road, East Finchley, London, N2 9ED, United Kingdom
Str. Armeneasca 28/1, office 1, Chisinau MD-2012, Republic of Moldova, Europe
Printed at: see last page
ISBN: 978-620-7-88364-6

ÍNDICE

A. ESPECIFICAÇÃO DAS PROPRIEDADES FÍSICAS DO CIMENTO 2

B. INTRODUÇÃO AOS AGREGADOS 24

C. INTRODUÇÃO AO BETÃO 39

REFERÊNCIAS 71

A. ESPECIFICAÇÃO DAS PROPRIEDADES FÍSICAS DO CIMENTO

❖ Introdução

O cimento é um material com propriedades adesivas e coesivas. O cimento, quando misturado com fragmentos minerais e água, une as partículas num todo compacto. Esta descrição inclui um grande número de materiais de cimentação. Para efeitos de obras de construção, o cimento é utilizado para ligar pedras, areia, tijolos, etc. O nosso estudo limita-se ao cimento utilizado em obras de construção, nomeadamente em trabalhos de betão.

O cimento é o ingrediente mais importante e mais caro do betão. Foi inventado por Joseph Aspdin do Reino Unido em 1824. Deu-lhe o nome de cimento Portland porque o betão endurecido feito de cimento, agregados finos, agregados grossos e água em proporções definidas se assemelhava à pedra natural que ocorre em Portland, em Inglaterra. Diz-se que os materiais que assentam e endurecem na presença de água possuem propriedades hidráulicas. Como o cimento ganha força devido à ação química entre o cimento e a água (conhecida como hidratação) e à sua capacidade de endurecer debaixo de água, é também conhecido como cimento hidráulico.

Fabrico de cimento Portland

O cimento Portland é fabricado através da moagem de materiais calcários (calcário ou giz) e argilosos (xisto ou argila) em estado seco ou húmido. A mistura é queimada num forno a 1300° -1500° C, onde se sinteriza e produz pequenos clínqueres. Os clínqueres (de forma nodular) são arrefecidos e misturados com cerca de 2% de gesso para evitar a formação de flash (para retardar a ação química quando é adicionada água). A mistura é moída até à finura necessária em moinhos de bolas para obter o produto final, o cimento. Um saco de cimento tem uma massa de 50 kg e equivale a 34,5 litros (1440 kg/m3).

Tipos de cimento

Ao alterar as proporções dos ingredientes do cimento, ao adicionar outros ingredientes ou ao alterar a intensidade da moagem, podem ser fabricados muitos tipos diferentes de cimento. Entre os diferentes tipos de cimento, apenas dois tipos de cimento, OPC e PPC, são mencionados de seguida.

1) Cimento Portland comum: É amplamente utilizado para a maioria das obras. Para utilizar o cimento Portland para produzir betão de alta resistência (M35 e superior) para trabalhos especializados, é necessário cimento de alta resistência. Por conseguinte, o Bureau of Indian Standards introduziu três graus diferentes

de cimento Portland normal. Consequentemente, o cimento Portland ordinário está agora disponível em três graus diferentes.

A. Grau 33 (IS : 269 - 1989)
B. Grau 43 (IS : 8112 - 1987)
C. Grau 53 (IS : 12269 - 1987)

O grau indica a resistência à compressão do cimento aos 28 dias de cura.

2) *Cimento Portland Pozzolana* (IS: 1489-1991): O cimento Portland-pozzolana deve ser fabricado quer por moagem íntima de clínquer de cimento Portland e cinzas volantes, quer por mistura íntima e uniforme de cimento Portland e cinzas volantes finas. Para a mistura de cimento Portland e de cinzas volantes, o método e o equipamento utilizados devem ser os bem aceites para obter uma mistura completa, uniforme e íntima. A operação de mistura deve ser uma operação unitária corretamente concebida e bem definida em misturadores aprovados. Pode ser adicionado gesso (natural ou químico) se o cimento Portland-pozzolana for fabricado através da moagem de clínquer de cimento Portland com cinzas volantes. O teor de cinzas volantes do cimento Portland-pozzolana não deve ser inferior a 15 % nem superior a 35 % em massa. A homogeneidade da mistura deve ser garantida com uma margem de ±3% na mesma remessa.

Os materiais pozolânicos são materiais essencialmente siliciosos que, embora possuam em si mesmos poucas ou nenhumas propriedades cimentícias, reagem com o hidróxido de cálcio, à temperatura ambiente, em forma de partículas finas e na presença de água, para formar compostos com propriedades cimentícias. O termo inclui materiais vulcânicos naturais com propriedades pozolânicas, bem como outros materiais naturais e artificiais, tais como terra de diatomáceas, argila calcinada e cinzas volantes.

Ao alterar as proporções dos ingredientes do cimento, podem ser preparados vários tipos de cimentos. As propriedades físicas de alguns tipos de cimento são apresentadas no quadro I.

*** Ensaios de cimento**

Para garantir a qualidade do cimento, são elaboradas especificações em várias normas indianas. São necessários ensaios para verificar periodicamente a quantidade e a qualidade do cimento. Os ensaios do cimento podem ser efectuados no terreno e/ou em laboratório. Se o cimento satisfizer os ensaios de campo, pode dizer-se que o cimento não é mau. No entanto, para concluir finalmente que o cimento é de boa qualidade, são necessários ensaios laboratoriais. Alguns testes laboratoriais importantes são brevemente discutidos no ficheiro do laboratório, e alguns testes de campo são os seguintes:

4- O cimento deve ter uma cor cinzenta esverdeada.

4- Não deve haver presença de grumos.

4- O cimento deve dar uma sensação de suavidade quando esfregado entre os dedos.

4- Deve dar uma sensação de frescura quando se enfia a mão num saco de cimento.

4- Se deitarmos um punhado de cimento na água, o cimento deve flutuar durante alguns minutos antes de se afundar.

TABELA-I ESPECIFICAÇÃO DAS PROPRIEDADES FÍSICAS DO CIMENTO PORTLAND

SR. NÃO.	PROPRIEDADES	IS: 269 ORDINARY 33 GRAU	IS: 8112 ORDINARY 43 GRAU	IS:12269 ORDINARY 53 GRAU	IS: 1489 CIMENTO PORTLAND POZZOLONA
1.	**FINENESS:**				
	O resíduo, em massa, no peneiro IS 90μ não deve exceder 1 %.	10	10	10	10
	Superfície específica (m^2 /kg) pelo método de permeabilidade ao ar, não inferior a	225	225	225	300
2.	**TEMPO DE DEFINIÇÃO** (em min.):				
	Tempo de regulação inicial não inferior a	30	30	30	30
	Tempo de endurecimento final não superior a	600	600	600	600
3.	**RESISTÊNCIA À COMPRESSÃO** (em N/mm^2 de um cubo de argamassa de cimento 1:3):				

	Ao fim de 1 dia (24 horas + 30 minutos) não inferior a	-	-	-	- -
	Aos 3 dias (72 h + 1 h) não inferior a	16	22	27	16
	Aos 7 dias (168 h + 2 h), pelo menos	22	33	37	22
	Aos 28 dias (672 h + 4 h) não inferior a	33	43	53	33
4.	**SONORIDADE:**				
	Pelo método de Le-Chatelier, o provete não deve ter uma dilatação superior a, (mm).	10	10	10	10
	Pelo método Auto-clave, o provete não deve ter uma dilatação superior a, (percentagem)	0.8	0.8	0.8	0.8

NOTA: Os ensaios devem ser efectuados de acordo com a IS: 4031 - partes I a XV (Métodos de ensaios físicos para cimento hidráulico).

EXPERIÊNCIA-1
FINURA DO CIMENTO

Objetivo: Para uma dada amostra de cimento, determinar a finura do cimento.

APARELHOS: Balança eléctrica, peneira de teste IS de 90 microns (IS: 400 - 1962), espátula, tabuleiro de 30 cm x 30 cm, escova de cerdas com cabo de 25 cm.

TEORIA: O desenvolvimento da resistência do betão é o resultado da reação da água com as partículas de cimento. A reação começa sempre na superfície das partículas. Assim, quanto maior for a área de superfície disponível para a reação, maior será a taxa de hidratação. O desenvolvimento rápido da resistência requer um maior grau de finura. O cimento de endurecimento rápido requer, portanto, um maior grau de finura.

O cimento deve ser uniformemente fino. Se o cimento não for uniformemente fino, o betão feito com ele terá uma fraca trabalhabilidade e necessitará de uma grande quantidade de água durante a mistura. Também podem ocorrer hemorragias, ou seja, mesmo antes de o betão estar endurecido, a água sai para a superfície devido ao assentamento das partículas de betão.

No entanto, uma finura excessiva também é indesejável, porque o custo de moagem do cimento para uma finura mais elevada é considerável. O cimento mais fino deteriora-se mais rapidamente quando exposto ao ar e é suscetível de causar mais retração, mas é menos propenso a sangrar. Uma maior finura também requer uma maior quantidade de gesso para um retardamento adequado. Além disso, a quantidade de água necessária para a pasta de consistência padrão é maior.

Um grande número de partículas deve ter um tamanho <100 μ. As partículas mais pequenas podem ter um tamanho de 1,5 μ. O tamanho médio das partículas pode ser de 10 μ. O tamanho das partículas abaixo de 3 μ desempenha um papel importante na resistência de um dia. O tamanho das partículas entre 3 μ e 25 μ desempenha um papel importante na resistência de 28 dias. Para o cimento comercial, 25 a 30 % das partículas devem ter menos de 7 μ de tamanho.

É, por conseguinte, necessário assegurar um certo grau de dureza no cimento, mas o limite máximo desta dureza deve ser o seguinte para obter um grau mínimo de moagem.

Depois de peneirar o cimento num peneiro de ensaio IS normalizado de 90 microns, o resíduo em massa não deve exceder 10% para o cimento Portland normal e o cimento Portland-Pozzolana e 5% para o cimento de endurecimento rápido.

4- Existem três métodos diferentes para verificar a finura do cimento.
   1. Por peneiração a seco, como descrito acima,
   2. Método de permeabilidade ao ar de Blaine e
   3. Por peneiração húmida

   Para o estudo dos métodos 2 e 3, deve ser feita referência à norma IS: 4031.

PROCEDIMENTO:

1. Pesar com precisão 100 g de cimento e colocá-lo num peneiro normalizado IS de 90 microns.
2. Desfazer com os dedos os grumos de ar presentes na amostra, mas não esfregar no peneiro.
3. Peneirar continuamente a amostra, segurando o peneiro com as duas mãos e fazendo um movimento suave com o pulso, ou utilizar um agitador de peneira mecânico para o efeito. A peneiração deve continuar durante 15 minutos.

PRECAUÇÕES:

1. A limpeza do crivo deve ser efectuada muito suavemente com a ajuda de uma escova, ou seja, uma escova de cerdas de 25 mm ou 40 mm com um cabo de 25 cm.
2. Após a peneiração, o cimento deve ser retirado da superfície inferior do peneiro com cuidado.
3. A balança simples deve ser verificada antes da utilização.
4. A peneiração deve ser efectuada de forma contínua.

OBSERVAÇÕES:

Marca de cimento:	**Amostra I**	**Amostra II**
Tipos de cimento		
Grau de cimento		
Massa de cimento - gms - M	100	100
Peneira IS - Microns	90	90
Tempo de peneiração - min.	15	15
Massa retida no peneiro-gms-M1		
% de massa retida no peneiro = {M1/M}x 100		

RESULTADOS:

CONCLUSÃO:

EXPERIMENTAÇÃO - 2
CONSISTÊNCIA NORMALIZADA DO CIMENTO

Objetivo: Determinar a consistência padrão/normal de uma determinada amostra de cimento.

APARELHOS:

1. Aparelho de Vicat com êmbolo de 10 mm de diâmetro e 50 mm de comprimento, 300 g de peso e molde de Vicat.
2. Balança simples (capacidade 1 kg)
3. Espátula
4. Calha de esmalte
5. Espátula normal
6. Cronómetro
7. Placa não porosa

MATERIAIS: Cimento (OPC e PPC) e água.

TEORIA: A consistência refere-se a uma mobilidade relativa de uma pasta de cimento ou argamassa acabada de misturar. Antes de efetuar os ensaios de tempo de presa inicial, tempo de presa final, resistência à compressão, resistência à tração e solidez do cimento, etc., é necessário fixar a quantidade de água a misturar para preparar uma pasta de cimento de consistência normalizada em cada caso. A quantidade de água a adicionar em cada uma das experiências acima mencionadas tem uma relação definida com a percentagem de água para a consistência padrão.

Consistência normal: A pasta de cimento de consistência normal é definida em termos de percentagem de água por massa de cimento que permite a penetração de um êmbolo de 10 mm de diâmetro até uma profundidade de 33 mm a 35 mm a partir do topo do molde de Vicat.

Tempo de Aferição: É o período observado desde o momento em que se adiciona água ao cimento para fazer pasta de cimento até ao início do enchimento do molde.

Esta experiência tem como objetivo determinar, para um determinado cimento, a quantidade de água a misturar para obter uma pasta de cimento de consistência normal. A percentagem de água na pasta de cimento "P" para uma consistência normal varia de cimento para cimento e de lote para lote para o mesmo cimento, e as quantidades de água utilizadas nos ensaios variam em conformidade. Seguem-se as quantidades de água necessárias para vários ensaios.

1. Quantidade de água para o ensaio de tempo de presa expressa em percentagem da massa de cimento = 0,85 P

2. Quantidade de água para os ensaios de solidez expressa em percentagem da massa de cimento
   a) Método de Le-Chatelier = 0,78 P
   b) Método da autoclave = P

3. Quantidade de água para resistência à compressão em argamassa de cimento e areia padrão (1:3) expressa como percentagem da massa de cimento seco e agregado, onde P é a percentagem de água para consistência padrão = (P/4 + 3,0) % A consistência normal geralmente varia de 26 a 33 % em peso de cimento seco.

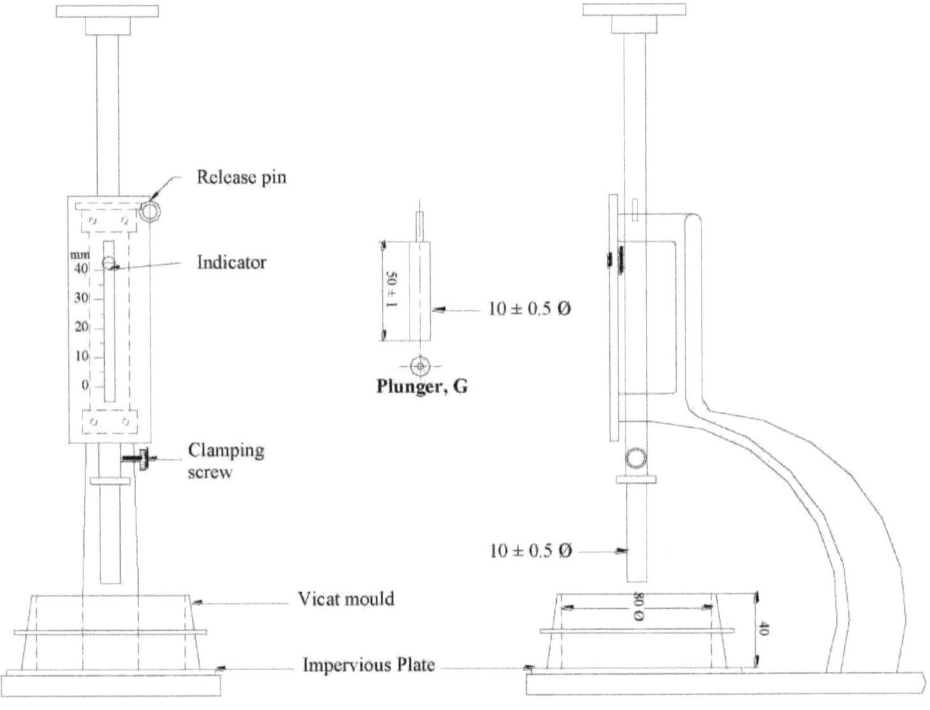

Nota: Todas as dimensões estão em mm.
APARELHO VICAT

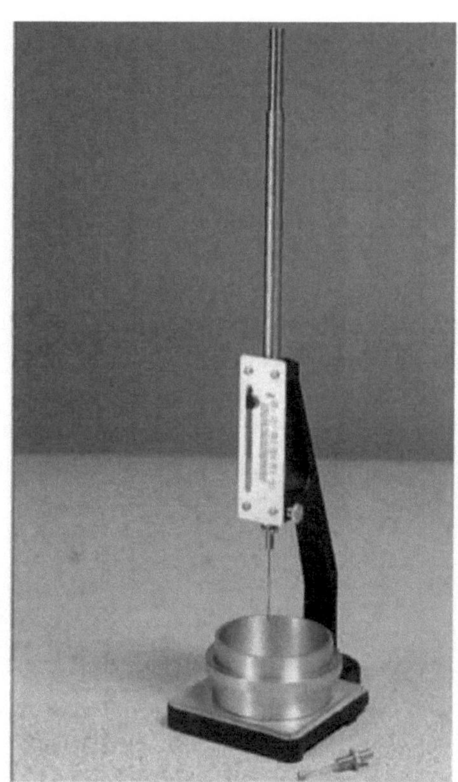

Aparelho de Vicat

Aparelho de Vicat:

A figura mostra o aparelho Vicat com diferentes acessórios de penetração para vários ensaios, de acordo com as especificações da norma indiana.
O aparelho de Vicat é constituído por uma estrutura metálica com uma haste móvel e uma tampa na parte superior. Na extremidade inferior, pode ser fixado qualquer um dos seguintes acessórios intermutáveis:
a) Êmbolo para o ensaio de consistência normal
b) Agulha para o tempo de regulação inicial
c) Agulha para o tempo de presa final
A haste móvel transporta um indicador, que se desloca sobre uma escala graduada fixada no quadro. O aparelho é também constituído por um molde com a forma de um cone, com 80 mm de diâmetro interno na base, 60 mm no topo e 40 mm de altura, e com uma placa de base não absorvente. O aparelho Vicat, tal como acima referido, confirma a especificação da norma IS: 5513-1996.

PROCEDIMENTO:

1. Massa cerca de 400 g de cimento com precisão e colocá-lo no recipiente de esmalte.
2. Para começar, adicionar cerca de 25% de água limpa e misturar com uma espátula. Deve-se ter cuidado para que o tempo de aferição não seja inferior a 3 minutos nem superior a 5 minutos. O tempo de aferição deve ser contado desde o momento em que se adiciona água ao cimento seco até ao momento em que se começa a encher o molde.
3. Encher o molde de Vicat com esta pasta, o molde assenta numa placa não porosa.
4. Nivelar a superfície da pasta de cimento com o topo do molde com uma espátula de 210 gm de massa. O molde deve ser ligeiramente agitado para expulsar o ar.
5. Colocar este molde, juntamente com uma placa não porosa, sob o êmbolo com haste. Ajustar o indicador de modo a que a sua leitura seja 0 quando tocar na superfície do bloco de ensaio.
6. Soltar rapidamente o êmbolo, deixando-o afundar-se na pasta.
7. Preparar a pasta de ensaio com uma percentagem variável de água e testar como descrito acima até que a agulha penetre 5 mm a 7 mm acima do fundo do molde.
8. Exprima esta quantidade de água como uma percentagem em massa do cimento seco.
9. A temperatura ambiente no momento do ensaio deve ser de 25° C a 29° C.

PRECAUÇÕES:

1. Devem ser utilizados aparelhos limpos para a aferição.
2. A temperatura do cimento e da água e a da sala de ensaios no momento do ensaio deve ser de 25° C a 29 C.°
3. Para encher o molde, utilizam-se apenas as mãos do operador e a lâmina da talocha de aferição.
4. Para cada ensaio deve ser utilizado cimento fresco.

OBSERVAÇÕES:

Quantidade de cimento = 400 gms.

Sr. Não.	Quantidade de água adicionada (ml)	% de água por massa de cimento	Leitura na escala do aparelho de Vicat em mm	Observações (se for caso disso)
A.	Grau de cimento 53 OPC			
1.				
2.				
3.				
4.				
5.				
6.				
7.				
B.	Grau de cimento 53 PPC			
1.				
2.				
3.				
4.				
5.				
6.				
7.				

RESULTADO:

Percentagem de água por massa de cimento necessária para preparar uma pasta de cimento de consistência padrão.

Tipo de cimento	**Consistência observada**
OPC 53 GRAU	
PPC 53 GRAU	

CONCUSÕES:

EXPERIMENTAÇÃO-3

TEMPO DE PRESA INICIAL E FINAL

Objetivo: Dada uma amostra de cimento, determinar o tempo de presa inicial e final da amostra.

APARELHOS:

1. Aparelho de Vicats com molde, placa não porosa (vidro ou metal), agulha para a presa inicial e a presa final.
2. Balança (com caixa de massa), capacidade 1 Kg.
3. Espátula com cerca de 210 gm de massa
4. Calha de esmalte
5. Espátula normalizada.
6. Cronómetro.
7. Termómetro de capacidade 100^0 c
8. Proveta graduada de 500 ml.

TEORIA: Quando a água é adicionada ao cimento, ocorre uma reação química conhecida como hidratação que leva à fixação e ao endurecimento da pasta de cimento. Na sua forma pura, o cimento finamente moído é extremamente sensível à água. Dos três compostos principais do cimento: C3A, C3S e C2S, o C3A reage rapidamente com a água para produzir um composto gelatinoso que começa a solidificar. Esta ação de mudança de um estado fluido para um estado sólido é designada por *endurecimento*. Não deve ser confundida com o *endurecimento*, que se refere ao ganho de resistência de uma pasta de cimento endurecida.

Durante a fase seguinte da hidratação, a pasta de cimento começa a endurecer devido à reação do C3S e do C2S e a pasta ganha resistência. Nos primeiros minutos, a ação de fixação é mais predominante e, após algum tempo, a ação de endurecimento torna-se rápida.

Na prática, esta ação de solidificação ou perda de plasticidade deve ser retardada porque é necessário algum tempo para a mistura, o transporte e a colocação do betão na posição final antes de a mistura perder a sua plasticidade devido à ação de endurecimento.

Normalmente, especifica-se que o betão plástico deve ser colocado e consolidado antes da ocorrência da presa inicial. A presa inicial é uma fase em que a pasta de cimento começa a perder a sua plasticidade e após a qual qualquer fissura que possa aparecer não voltará a unir-se. Não deve ser perturbada até que o betão tenha endurecido. Este tempo de presa inicial não deve ser demasiado pequeno, pelo que as normas especificam um tempo mínimo de presa inicial.

Após o endurecimento inicial do betão, é desejável que este endureça ou ganhe resistência o mais rapidamente possível, de modo a que haja um atraso mínimo antes de a cofragem poder ser removida e que o risco de danos provocados pelo gelo seja minimizado. Por conseguinte, as normas especificam o valor máximo do tempo de endurecimento final.

No entanto, não é possível, na prática, localizar exatamente o tempo de presa inicial e o tempo de presa final. As normas indianas seleccionaram dois pontos arbitrários, que relacionam a resistência do cimento com o tempo de adição de água.

O tempo de presa inicial é definido como o período que decorre entre o momento em que a água é adicionada ao cimento e o momento em que a agulha de 1 mm de secção quadrada não consegue perfurar o bloco de ensaio a uma profundidade de cerca de 5 mm a partir do fundo do molde vicat. Este ensaio permite-nos detetar a deterioração do cimento devido ao armazenamento e distinguir entre tipos de cimento de presa rápida e de presa normal. 30 minutos é o tempo mínimo de presa inicial especificado pelo BIS para o cimento normal e de endurecimento rápido e 60 minutos para o cimento de baixo calor.

O tempo de presa final é definido como o período que decorre entre o momento em que a água é adicionada ao cimento e o momento em que a agulha de 1 mm de quadrado com um acessório de 5 mm de diâmetro faz uma impressão no bloco de ensaio, enquanto o acessório não faz uma impressão no bloco de ensaio. 30 minutos é o tempo mínimo especificado para a presa inicial e 600 minutos é o tempo máximo especificado para a presa final do cimento Portland. Para o cimento de presa rápida, o tempo de presa inicial não deve ser inferior a 5 minutos e o tempo de presa final não deve ser superior a 30 minutos. O tempo de presa do cimento pode ser controlado variando a quantidade de gesso no cimento.

PROCEDIMENTO:

1. Massa de 400 gms de cimento.
2. Preparar uma pasta de cimento puro, adicionando 0,85 vezes a percentagem de água necessária para obter uma consistência normal.
3. Inicie o cronómetro no momento em que a água é adicionada ao cimento.

4. Encher o molde de Vicat com a pasta de cimento preparada com o molde assente sobre a placa não porosa. O tempo de aferição não deve ser inferior a 3 minutos nem superior a 5 minutos.
5. Encher completamente o molde e alisar a superfície da pasta, nivelando-a com o topo do molde para obter um bloco de ensaio.

6. Colocar o bloco de ensaio confinado no molde e apoiado sobre a placa não porosa, sob a haste que contém a agulha C.
7. Baixar a agulha suavemente até entrar em contacto com a superfície do bloco de ensaio e soltá-la rapidamente, permitindo que penetre no bloco de ensaio e anotar a penetração após cada dois minutos.
8. Repetir este procedimento até que a agulha não perfure o bloco durante cerca de 5 mm ± 0,5 mm medidos a partir do fundo do molde. Parar o cronómetro e anotar o tempo, que é o tempo inicial de presa.

DETERMINAÇÃO DO TEMPO DE PRESA FINAL:

1. Substituir a agulha do aparelho de Vicat pela agulha com um acessório circular [fig.]
2. Continuar a soltar a agulha como descrito no passo 7, até que a agulha faça uma impressão, enquanto a fixação não o faz.
3. O tempo que decorre entre o momento em que a água é adicionada ao cimento e o momento em que a agulha apenas faz uma impressão, deve ser registado como tempo de presa final para o cimento em ensaio.

OBSERVAÇÕES:

Quantidade de cimento = C = 400 gms.
Água para consistência padrão para OPCP =% __________,
Água para consistência padrão para PPCP =% __________,
Água a adicionar para o OPC 0,85 P x C ________ =ml
Água a adicionar para PPC 0,85 P x C __________ =ml

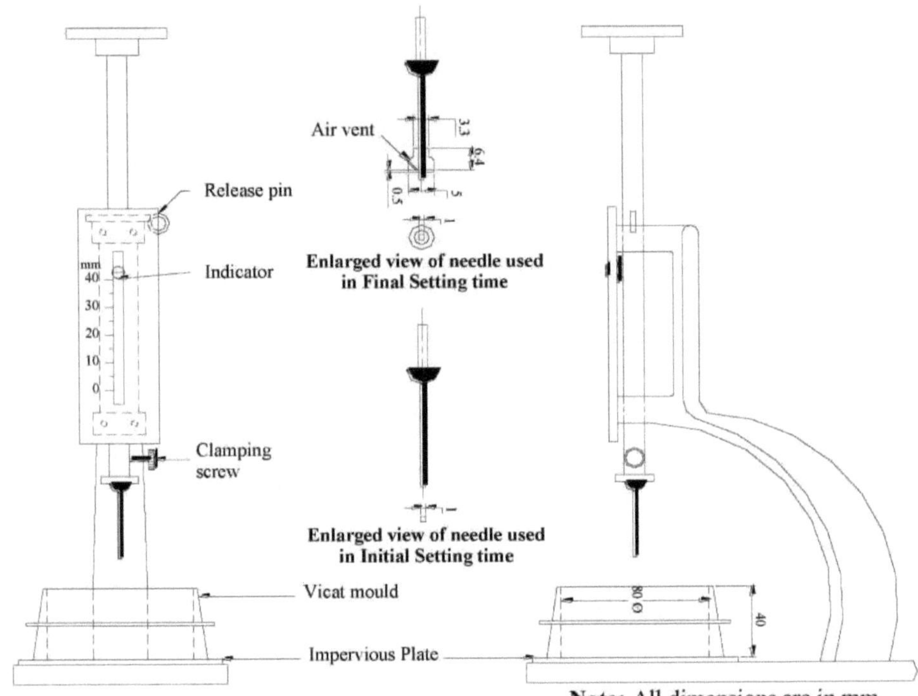

Note: All dimensions are in mm.

VICAT APPARATUS

Sr. Não.	Tempo de configuração inicial			
	Tempo, Min	Leitura na escala do aparelho de Vicat em mm	Tempo, Min	Leitura na escala do aparelho de Vicat em mm.
Lote I. Cimento Portland Normal (OPC)			Lote II. Cimento Portland com Pozolana (PPC)	
1.				
2.				
3.				
4.				
5.				
6.				
7.				
8.				
9.				
10.				

11.				

RESULTADO:

CIMENTO	OPC	PPC
TEMPO DE REGULAÇÃO		

PRECAUÇÕES:

(1) A agulha deve ser limpa de cada vez antes de ser utilizada.

(2) Deslocar a posição do molde depois de registar a leitura da penetração, de modo a que a penetração não se verifique no mesmo local.

(3) Verificar a exatidão do cronómetro.

(4) Devem ser utilizados aparelhos limpos para a aferição.

(5) O bloco de ensaio deve ser mantido a 90% de humidade relativa, a 27° **C** ± 2oC e ao abrigo de correntes de ar.

CONCLUSÃO:

EXPERIMENTAÇÃO - 4
RESISTÊNCIA À COMPRESSÃO DO CIMENTO

Objetivo: Determinar a resistência à compressão de uma determinada amostra de cimento.

APARELHOS:

1. Vibrador
2. Moldes em forma de cubo,7,06 cm. (área de superfície 50 cm $)^2$
3. Espátula
4. Calha de esmalte
5. Cilindro de medição, 1000 cc
6. Balanço
7. Placa não porosa e
8. Máquina de ensaio de compressão.

MATERIAL: Cimento, areia normal e água.

TEORIA:

A resistência do cimento endurecido é a propriedade do material que é talvez mais obviamente necessária para a utilização estrutural. A resistência da argamassa ou do betão depende da coesão da pasta de cimento, da sua adesão às partículas de agregado e, em certa medida, da resistência do próprio agregado.

O ensaio de resistência à compressão é o controlo final da qualidade do cimento. A resistência à compressão é medida através da determinação da resistência à compressão de cubos de argamassa de cimento de proporções 1:3, em massa. O agregado fino utilizado é a areia padrão especificada pela IS - 650 - 1991. O ensaio de compressão também nos permite distinguir o cimento de endurecimento rápido do cimento de baixo calor e do cimento normal. Os cubos são geralmente testados após 3 dias, 7 dias e 28 dias. Três cubos são testados no final de cada período e o seu valor médio é considerado como resistência à compressão do cimento.

IS: 10262 desenvolveram curvas para a resistência do betão versus a relação água/cimento correspondente às resistências à compressão do cimento. Este ensaio permite-nos distinguir cimentos de diferentes resistências e a sua utilização na produção de betão de resistência necessária.

PROCEDIMENTO:

1. O material para cada cubo deve ser misturado separadamente. As quantidades de cimento, areia normal e água são as seguintes
   Cimento 200 gms,
   Areia padrão 600 gms (3 partes iguais de cada tamanho, ou seja, 200 gms cada),
   ■ Água (p/4 + 3,0) % da massa combinada de cimento e areia.
2. Colocar sobre uma placa não porosa uma mistura de cimento e areia normalizada na proporção de 1:3 em massa, como indicado acima.
3. Misturar a seco com uma espátula durante 1 minuto e depois com água até a mistura ficar com uma cor uniforme.
4. O tempo de mistura não deve ser inferior a 3 minutos e não deve exceder 4 minutos. Se exceder, a mistura é rejeitada e a operação é repetida.
5. Lubrificar as faces interiores do molde.
6. Colocar o molde montado sobre a mesa da máquina vibradora e mantê-lo firmemente na posição por meio de grampos adequados.
7. Imediatamente após a mistura da argamassa, conforme especificado acima, colocar toda a quantidade de argamassa na tremonha do molde em cubo e compactar a mesma por vibração durante um período de cerca de 2 minutos à velocidade de 1200 ± 400 vibrações por minuto.
8. Manter os cubos à temperatura ambiente durante 24 horas após a conclusão da vibração.
9. No final deste período, retirar os cubos do molde e submergir imediatamente em água limpa e fresca, devendo ser retirados imediatamente antes do ensaio. A água em que os cubos são mergulhados deve ser renovada de 7 em 7 dias. Não se deve deixar secar os cubos antes do ensaio.

TESTE:

Ensaio de resistência à compressão de três cubos nos períodos de 3, 7 e 28 dias, sendo o período considerado a partir da conclusão da vibração.

PROCEDIMENTO:

1. Colocar o cubo de ensaio na plataforma da máquina de ensaio de compressão sem qualquer embalagem entre o cubo e as placas de aço da máquina de ensaio.
2. Aplicar a carga de forma constante e uniforme a partir de zero a uma taxa de 35 N/mm^2 /minuto até o cubo falhar.
3. Calcular a resistência à compressão como especificado nos cálculos.

PRECAUÇÕES:

1. Todos os aparelhos devem estar limpos.

2. Os moldes devem ser devidamente oleados antes de serem utilizados.

3. A mistura que demora mais de 4 minutos a ser misturada deve ser rejeitada.
4. Aquando da montagem do molde, cobrir as juntas entre as válvulas do molde com uma fina película de vaselina, a fim de evitar a saída de água durante a vibração.
5. Aplicar gradualmente a carga sobre o provete.
6. O provete deve ser imediatamente testado assim que for retirado do tanque de cura.

OBSERVAÇÕES:

1. Tamanho da amostra = 7,06 x 7,06 x 7,06 cm
2. Massa de cimento = 200 gms.
3. Massa de areia normalizada (Annore) = 600 gms.
4. Massa de água = ((p/4)+3)/100 x (massa de agregado seco + cimento) =____________ml.

RESULTADO:

Grau de cimento	Idade no momento do teste	Carga na fratura								
		Amostra I		Amostra II		Amostra III		Amostra IV		Avg. □ □□P/A N/mm^2
		P	P/A	P	P/A	P	P/A	P	P/A	
	3 dias									
	7 dias									
	28 dias									

Nota: P está em Kg, P/A está em Kg/cm2 e □ in está em N/mm2.

REQUISITOS BIS:

De acordo com as normas IS:269, IS:8112, IS:12269, a resistência média mínima à compressão do cimento deve ser a seguinte

SR. Não.	Grau de cimento	Resistência mínima à compressão		
		3 dias (N/mm)^2	7 dias (N/mm)^2	28 dias (N/mm)^2
1	33	16	22	33
2	43	23	33	43
3	53	27	37	53

CONCLUSÃO:

B. INTRODUÇÃO AOS AGREGADOS

O agregado constitui cerca de 75 por cento do volume do betão e é composto por cascalho bem graduado ou pedra britada. Com a presença de poeiras, a ligação entre o gel de cimento e o agregado enfraquece. Por conseguinte, para obter um betão forte e durável, o agregado utilizado deve ser forte, duro e isento de efeitos nocivos. Os agregados foram considerados como um material inerte disperso pelo betão. Proporcionam uma maior estabilidade de volume e uma melhor durabilidade do que a pasta de cimento isolada. Os agregados no nosso país não são de marca, pelo que a disponibilidade de agregados de qualidade é por vezes difícil. O dever do supervisor da obra é verificar e fazer as correcções necessárias para fazer betão de qualidade. Os agregados utilizados devem cumprir os requisitos da IS: 383, ou seja, o código de especificação para agregados grossos e finos de fontes naturais para betão.

Classificação dos agregados

Os agregados podem ser classificados em função da sua origem, dimensão, forma e peso. A classificação com base na dimensão é importante. É qualificada pelo tamanho da abertura quadrada do peneiro através do qual passa. Por exemplo, diz-se que o agregado tem uma dimensão de 20 mm se passar por um peneiro de 20 mm e ficar retido num peneiro de 16 mm. De acordo com este critério, os agregados são classificados como agregados grossos, agregados finos, agregados "all-in" e agregados de dimensão única.

Agregado grosso

Os agregados que ficam retidos no peneiro de 4,75 mm depois de passarem pelo peneiro de 80 mm são conhecidos como agregados grosseiros. Estes agregados podem ser de um dos seguintes tipos:

> Cascalhos triturados resultantes da trituração de cascalhos ou de pedras duras.

> Cascalhos não britados resultantes da meteorização e abrasão de grandes rochas-mãe.

> Saibro parcialmente britado ou não britado resultante da mistura dos dois tipos anteriores.

Estes agregados são normalmente obtidos a partir de depósitos fluviais, depósitos glaciares e leques aluviais. Muitas das suas propriedades derivam das rochas-mãe, como a composição química e mineral, a classificação petrográfica, a gravidade específica, a dureza, a resistência, a estabilidade física e química, a estrutura dos poros, a cor, etc. Outras propriedades destes agregados, que não derivam das rochas-mãe, são a dimensão das partículas, a forma, a textura da superfície e a absorção. Todas estas propriedades podem ter um efeito considerável na qualidade do betão, tanto no estado fresco como no estado endurecido.

Agregado fino

Um agregado que passa através de 4,75 mm e é retido no peneiro de 75 mícrones é conhecido como agregado fino. Estes agregados, dependendo da sua natureza de ocorrência, podem ainda ser classificados da seguinte forma

> Areias naturais obtidas de poços, rios, lagos ou praias. O seu tamanho é da ordem de 0,07 mm ou inferior. As partículas entre 0,06 mm e 0,02 mm são classificadas como silte e as partículas mais pequenas são designadas por argila.

> As areias de pedra britada são obtidas por trituração de pedra dura.

> As areias de brita britada são obtidas por trituração de brita natural.

Todos os agregados finos acima referidos, quando utilizados na mistura de betão, devem ser devidamente lavados e testados para verificar se a percentagem total de argila, silte, sais e outras matérias orgânicas não excede o limite especificado.

Agregado total

Os agregados naturais que contêm uma gama completa de tamanhos, ou seja, do maior ao mais pequeno (não numa proporção correcta) são conhecidos como agregados "all in". Estes agregados raramente são utilizados para betão de alta qualidade devido à sua má classificação. Estes só podem ser utilizados após uma gradação adequada, ou seja, adicionando a fração de agregado que é deficiente. São também conhecidos como agregados de cava.

Agregado de tamanho único

Agregados cuja maior parte é de dimensão única. Por exemplo, um agregado de dimensão única de 20 mm significa um agregado cuja maior parte passa por um peneiro de 20 mm e quase a mesma quantidade fica retida num peneiro de 16 mm.

EXPERIÊNCIA-5
DENSIDADE APARENTE DO AGREGADO

Objetivo: Determinar a densidade aparente dos agregados soltos e compactados e a percentagem de vazios.

APARELHOS: 1. Balança, sensível até 0,5% da massa a medir.
2. O metal cilíndrico mede 3, 15 e 30 litros de capacidade de acordo com o tamanho máximo do agregado grosso.

Agregado grosso	Medida
4,75 mm e inferior	3 litros
3,75 mm a 40 mm	15 litros
Mais de 40 mm	30 litros

3. Barra de compactação com 16 mm de diâmetro e 60 cm de comprimento, com uma extremidade arredondada.
4. Recipiente, calha, régua de aço e proveta graduada de 250 ml.

TEORIA:A densidade aparente é a massa de agregado necessária para encher um recipiente de volume unitário. Este volume unitário, portanto, consiste no volume de material sólido mais o volume de vazios e é medido em kg/m^3 . Estes valores são necessários para converter a quantidade de agregado em massa para quantidades em volume quando é adoptada a dosagem em volume e vice-versa.

O valor da densidade aparente do agregado depende da quantidade de esforços utilizados para encher o contentor o mais densamente possível, da distribuição do tamanho, da forma e da gravidade específica. Quanto mais graduado for o agregado, maior será a sua densidade aparente. A forma angular e escamosa do agregado reduz a densidade aparente. A forma arredondada do agregado confere uma maior densidade aparente. Se este ensaio de densidade aparente for efectuado com frequência no local, a alteração apreciável do valor da densidade aparente em qualquer momento ajuda a detetar a alteração da granulometria ou da forma do material e permite ao engenheiro no local efetuar ensaios mais elaborados, se necessário.

Para efeitos de dosagem, em que os materiais são medidos, deve ser calculada a densidade aparente do material "solto".

Quando o ensaio de densidade aparente é efectuado para detetar a alteração da classificação e da forma, o ensaio de densidade aparente com varetas terá de ser realizado para comparar os resultados. Além disso, para a comparação dos resultados, as dimensões dos dois agregados a comparar devem ser as mesmas. Este método ajuda-nos a descobrir o teor de vazios na amostra de agregado. A amostra que contém o mínimo de vazios ou a densidade aparente máxima é utilizada para fazer uma mistura económica.

PROCEDIMENTO:

Densidade de barras ou compactada:

O ensaio é normalmente efectuado com material seco para a determinação dos vazios; mas quando são necessários ensaios de volume, pode ser utilizado material com uma determinada percentagem de humidade. A menção da condição deve ser feita aquando do registo das observações.

1. A medida selecionada de acordo com a dimensão do agregado é preenchida a 1/3 com o agregado bem misturado.
2. O agregado é agora compactado com 25 pancadas da extremidade arredondada da vareta de compactação.
3. Adiciona-se mais uma quantidade semelhante de agregado e efectua-se uma nova compactação de 25 pancadas.
4. A medida é finalmente enchida até ao transbordo, socada 25 vezes e o agregado excedente é raspado, utilizando a vareta de calcar como régua.
5. Determina-se a massa líquida do agregado na medida e calcula-se a densidade aparente em kg/litros, ou kg/m^3 .

Densidade aparente solta:

1. A medida é enchida até ao transbordo por meio de uma pá ou colher, sendo o agregado descarregado de uma altura não superior a 50 mm acima do topo da medida. Deve ter-se o cuidado de evitar a segregação das partículas.
2. A superfície do agregado é então nivelada com uma régua.
3. Determina-se a massa líquida do agregado na medida e calcula-se a densidade aparente em kg/litro ou kg/m^3 .

OBSERVAÇÕES:

Volume de F.A. = m^3 ; Volume de C.A. = ____________ m^3

		Massa (kg)	**Densidade (kg/m)^3**
Agregado			
F.A.	Solto		

	Compactado			
C.A.	Solto			
	Compactado			
Combinado F.A.:C.A.	1:1.5	Solto		
		Compactado		
	1:2	Solto		
		Compactado		
	1:2.5	Solto		
		Compactado		

RESULTADOS:

Material	**Densidade a granel solta kg/m^3**	**Densidade a granel compactada kg/m^3**	**Rácio de densidade aparente**
F.A.			
C.A.			

CONCLUSÃO:

EXPERIÊNCIA- 6 ANÁLISE GRANULOMÉTRICA

Objetivo: Determinar a classificação do agregado e o módulo de finura do agregado grosso e do agregado fino por peneiração a seco.

TEORIA: Na argamassa de cimento, o agregado contém 55% do volume da argamassa. Já no caso do betão em massa, o agregado contém 85% do volume do betão. O tamanho dos agregados utilizados no betão varia entre vários centímetros e fracções de milímetros. O tamanho máximo efetivamente utilizado varia mas, em qualquer mistura, são incorporadas partículas de diferentes tamanhos, sendo a distribuição granulométrica designada por classificação. A classificação significa a arte de combinar vários tamanhos de partículas que compõem os agregados para produzir uma mistura densa e económica, utilizando o mínimo de cimento por unidade de volume para uma determinada resistência. O princípio da classificação é que as partículas mais pequenas preenchem os espaços vazios entre as partículas maiores.

A resistência do betão depende da relação água/cimento, desde que a mistura seja trabalhável. O fator mais importante para tornar o betão trabalhável é a boa classificação do agregado. Um agregado bem graduado significa menos espaços vazios, ou seja, será necessário um mínimo de pasta para preencher os espaços vazios. É utilizada uma menor quantidade de água e cimento, o que significa que o betão terá mais resistência, durabilidade e economia.

Para a produção de betão de boa qualidade, é prática comum utilizar agregados de, pelo menos, dois grupos de dimensão, sendo a principal divisão entre agregados finos, frequentemente designados por areia de dimensão não superior a 4,75 mm, e agregados grossos, que incluem material com uma dimensão mínima de 4,75 mm. A peneira de 4,75 mm faz a distinção entre agregados finos e grossos.

A análise por peneiração é efectuada para testar a classificação dos agregados. Os agregados são peneirados com sucesso através de peneiras que confirmam a IS 460-1962. A análise por peneiração é a operação que consiste em dividir a amostra de agregados em fracções, cada uma constituída por partículas do mesmo tamanho.

O peneiro de ensaio utilizado para o agregado de betão tem uma abertura quadrada e as suas propriedades são as indicadas na norma IS 460-1962. Os crivos são descritos pelo tamanho da abertura (em mm) para os tamanhos maiores, e os microns para os crivos com tamanho inferior a 1,18 mm, sendo um micron 10^{-6} metros.

Todos os crivos são montados em quadros que podem ser apoiados. O material retido em cada peneiro após a agitação representa as fracções de agregado mais grosseiras do que o peneiro em questão, mas mais finas do que o peneiro utilizado antes de se utilizar uma moldura de 20 mm de diâmetro para 4,75 mm ou dimensões inferiores e molduras de 30 cm a 45 cm de diâmetro para 4,75 mm e dimensões superiores. 4,75 mm é a linha divisória entre os agregados finos e grossos. Os crivos utilizados para o agregado de betão consistem numa série em que a abertura livre em qualquer crivo é metade da abertura do crivo de maior dimensão seguinte. A peneiração pode ser efectuada manual ou mecanicamente. Na operação manual, o crivo é agitado com movimentos em todas as direcções possíveis para dar oportunidade a todas as partículas de passarem através do crivo.

Antes de se efetuar a análise granulométrica, a amostra de agregado deve ser seca ao ar para evitar a formação de grumos de partículas finas e para evitar o entupimento dos crivos mais finos.

Os agregados são peneirados com sucesso através de cada peneiro indicado no quadro 1 e a percentagem em massa retida em cada peneiro é registada num quadro. As classificações normalizadas são indicadas nos quadros 2 e 3 e os agregados devem ser descritos como pertencendo a qualquer uma das zonas de classificação com base no resultado obtido pela análise granulométrica.

Os resultados da análise granulométrica também devem ser registados graficamente, com a ordenada a indicar a percentagem de aprovação e a abcissa a indicar a dimensão do peneiro numa escala logarítmica. A escala logarítmica é utilizada para representar crivos com grandes variações de dimensão.

O módulo de finura dos agregados grossos e finos também é determinado. O módulo de finura é definido como a soma da percentagem acumulada retida nos peneiros da série normalizada dividida por 100. O módulo de finura é um fator empírico e pode ser considerado como o tamanho médio em massa de um peneiro no qual o material é retido, sendo os peneiros contados a partir do mais fino. Este fator pode ser utilizado para medir pequenas variações no agregado da mesma fonte como um controlo diário. Quanto mais pequeno for o valor do módulo de finura, mais fina é a areia. Para um bom grau de finura do betão, o módulo de finura da areia deve situar-se entre 2,25 e 3,25. O módulo de finura de um agregado grosso normal para betão varia entre 5,5 e 7,5. O módulo de finura não define completamente a classificação, porque uma areia com módulo de finura entre 2,25 e 3,35 pode não ser satisfatória na classificação. Pode estar ausente alguma fração de partículas, o que não define um A.F. bem graduado.

Para betão de alta resistência e durável, podem ser utilizadas areias da zona I à zona III, mas a mistura deve ser adequadamente concebida. Para betão armado, não deve ser utilizada areia da zona IV. Se a areia grossa for utilizada no betão, resultará em dureza, sangramento e segregação (ou seja, mistura pedregosa) e se a areia fina for utilizada no betão, a necessidade de água será maior e afectará a durabilidade do betão.

A análise granulométrica dos agregados grossos deve ser efectuada em nove peneiros: (40 mm, 20 mm, 10 mm, 4,75 mm, 2,36 mm, 1,18 mm, 600 mícrones, 300 mícrones e 150 mícrones). Para o agregado fino, são utilizados seis peneiros (4,75 mm, 2,36 mm, 1,18 mm, 600 mícrones, 300 mícrones e 150 mícrones).

Quadro 1: Agregados grossos

IS. Peneira (mm)	Percentagem de aprovação para agregados de dimensão única de dimensão nominal (mm)				% de aprovação para os exames de graduação. da dimensão nominal (mm)	
	63	40	20	10	40	20
80	100	-	-	-	100	-
63	85 100	100	-	-	-	-
40	0-30	85-100	100	-	95-100	100
20	0-5	0-20	85-100	-	30-70	95-100
10	-	-	0-20	85-100	10-35	25-55
4.75	-	-	0-5	0-20	0-5	0-10

Tabela 2: Agregados finos

Peneira IS	Percentagem de aprovação para			
	Zona de nivelamento 1	Zona de nivelamento 2	Zona de nivelamento 3	Zona de nivelamento 4
10,00 mm	100	100	100	100
4,75 mm	90-100	90-100	90-100	95-100
2,36 mm	60-95	75-100	85-100	95-100
1,18 mm	30-70	55-900	55-100	90-100
600 mícrones	15-34	35-59	60-79	80-100
300 mícrones	5-20	8-30	12-40	15-50

150 mícrones	0-10	0-10	0-10	0-15

Para a areia de pedra britada, a percentagem admissível que passa através de 150 □ é de 20%.

APARELHOS:

Conjunto de peneiras de acordo com a norma IS 460 - 1962, quantidades conhecidas de agregados grossos e finos.

PRECAUÇÃO:

Os crivos limpos devem ser dispostos por ordem decrescente correcta.

A amostra de ensaio deve estar isenta de humidade.

Pesar com exatidão a amostra de agregado dada.

Os parafusos da máquina de ensaio devem ser bem apertados antes de a agitar.

PROCEDIMENTO:

> Pesar com exatidão a amostra de agregado seca ao ar fornecida.

> Colocar a amostra ponderada no peneiro mais elevado do peneiro aninhado no agitador de peneiras, disposto por ordem decrescente de tamanho, ou seja, 80 mm, 40 mm, 20 mm, 10 mm, 4,75 mm, 2,36 mm, 1,18 mm, 600 mícrones, 300 mícrones, 150 mícrones e recipiente para o agregado grosso e 4,75 mm, 2,36 mm, 1,18 mm, 600 mícrones, 300 mícrones, 150 mícrones e recipiente para o agregado fino.

> Enroscar bem as peneiras no agitador de peneiras.

> Utilizar o agitador durante, pelo menos, 5 minutos no caso dos crivos eléctricos ou, no caso dos crivos manuais, cada crivo deve ser agitado separadamente sobre um tabuleiro limpo durante um período não inferior a 2 minutos. A agitação deve ser efectuada com movimentos para a frente e para trás, da esquerda para a direita, circulares no sentido dos ponteiros do relógio e no sentido contrário ao dos ponteiros do relógio, com sacudidelas frequentes, de modo a que o material se mantenha em movimento sobre a superfície do crivo.

> No final da peneiração, pesar o material retido em cada peneiro numa balança sensível a 0,1 % do peso da amostra para ensaio e calcular o peso acumulado retido em cada peneiro.

> Obter a percentagem acumulada de peso retido em cada peneiro.

> Somar todas estas percentagens e dividir o total por 100. O valor resultante é o módulo de finura do agregado em causa.

CURVAS DE CLASSIFICAÇÃO:

Traçar curvas granulométricas padrão para o agregado grosso graduado de 20 mm (apenas uma curva) e para os agregados finos (quatro curvas), utilizando o quadro 1. As curvas de classificação das amostras F.A. e C.A. devem ser desenhadas e sobrepostas às curvas de classificação padrão para determinar a classificação do agregado da amostra. Para o A.F., estão disponíveis quatro classificações: zona I (A.F. grosseiro), zona II (A.F. normal), zona III (A.F. fino), zona IV (A.F. muito fino). A F.A. da zona IV deve ser rejeitada para trabalhos de betão, enquanto a F.A. das zonas I, II e III pode ser utilizada, mas com proporções diferentes, como veremos ao fazer betão. Para o C.A., existe apenas uma classificação padrão para um determinado tamanho máximo de agregado. Se a curva granulométrica da amostra de C.A. não confirmar a curva normalizada, deve ser misturado outro material com uma granulometria diferente na proporção correcta para obter a granulometria normalizada.

OBSERVAÇÕES:

Massa de agregado grosso = _____________kg.

Massa de agregado fino = _________ kg.

ANÁLISE DE VISTAS

Tamanho do crivo	Massa retida gm.	Massa acumulada retida gm.	cum. % massa retida	cum. % de massa que atravessa
a) Agregados finos :				
4,75 mm				
2,36 mm				
1,18 mm				
600 mícrones				
300 mícrones				
150 mícrones				
Inferior a 150 mícrones				
Total				

$$\text{Fineness Modulus} = \frac{\text{Sum of cumulative percentage retained}}{100} =$$

Agregados grosseiros :				
40 mm				
20 mm				
10 mm				
4,75 mm				

2,36 mm				
1,18 mm				
600 mícrones				
300 mícrones				
150 mícrones				
Inferior a 150 mícrones				
Total				

Curva:

Desenhar curvas de granulometria para ambos os materiais em papel milimétrico. Discuta a classificação dos agregados de amostra.

DISCUSSÃO:

Limites especificados do módulo de finura

Tamanho máximo de agregados	**Módulo de finura**	
	Mínimo	**Máximo**
- Agregados finos	2	3.5
- Agregados grossos		
20 mm	6	6.9
40 mm	6.9	7.5
80 mm	7.5	8.0
150 mm	8.0	8.5

Pode acontecer que, nalguns casos, os agregados não estejam uniformemente graduados, mas ainda assim possam confirmar o módulo de finura especificado. Por conseguinte, o módulo de finura deve ser considerado apenas como um guia.

RESULTADOS:

	Agregado fino	**Agregado grosso**	**Comentário**
Módulo de finura			
Confirmar os limites?			
A curva de classificação confirma as			

CONCLUSÃO:

EXPERIÊNCIA-7
AUMENTO DE VOLUME DE AREIA

Objetivo: Determinar o volume de areia com diferentes teores de humidade.

TEORIA: A presença de humidade no agregado resulta no aumento do volume de uma dada massa e, portanto, ocupa mais espaço do que quando está seca. Este efeito, no caso da areia, é conhecido como "bulking" e é causado pela película de humidade entre as partículas de areia, pela força de tensão superficial que tende a mantê-las separadas. O volume, em si, não afecta a proporção dos materiais por peso: mas no caso de dosagem por volume, o volume resulta num peso menor de areia a ocupar o volume fixo da caixa de medição. Por esta razão, a mistura torna-se deficiente em areia e parece "pedregosa". O betão deste tipo de mistura é propenso à segregação e à formação de favos de mel. Além disso, o rendimento do betão é reduzido. As soluções consistem, naturalmente, em aumentar o volume aparente da areia para permitir o aumento de volume. A presença de humidade exige a correção das proporções reais da mistura. A massa de água adicionada à mistura deve ser diminuída da massa de humidade livre nos agregados, e a massa do agregado deve ser aumentada na mesma proporção. Na dosagem de volume, o volume de areia deve ser corrigido multiplicando-o pelo fator de volume na proporção da mistura.

O grau de inchamento depende da percentagem de humidade presente na areia e da sua finura. O aumento do volume aumenta gradualmente com o teor de humidade, sendo o aumento de 20 a 30% em volume para um teor de humidade de 5 a 8 % em massa. Após a adição de água, as películas fundem-se e a água move-se para os espaços vazios entre as partículas, de modo que o volume total de areia diminui até que, quando totalmente saturada (inundada), o seu volume é aproximadamente igual ao volume de areia seca para o mesmo método de enchimento do recipiente.

O volume é afetado pelo tamanho e pela forma das partículas. A areia mais fina aumenta consideravelmente o volume e atinge o volume máximo com um teor de água mais elevado do que a areia grossa. Sabe-se que as areias extremamente finas chegam a ter um volume de 40% a um teor de humidade de 10%, mas essas areias são, de qualquer modo, inadequadas para o fabrico de betão de qualidade.

A dosagem em volume não é utilizada para betão de qualidade. É necessário aplicar uma correção para o teor de humidade no caso de dosagem em volume para betão de qualidade. O agregado grosso apresenta apenas um aumento de volume insignificante devido à presença de água livre, uma vez que a espessura das películas de humidade é muito pequena em comparação com a dimensão das partículas.

APARELHOS: Cilindros de medição de 1000 cc e 100 cc.

PROCEDIMENTO:

> Pesar cerca de 500 g de areia seca em massa e medir o volume de areia V1.

> No recipiente de mistura, adicionar 1% de água por peso de areia fina ou 2% de água por peso de areia grossa e areia. Misturar bem para obter uma cor uniforme.

> Encha-o suavemente na proveta e anote o volume V2.

> O aumento de volume é (V2-V1) e a percentagem de aumento de volume é (V2-V1)/V1*100

> Repetir o procedimento anterior utilizando diferentes percentagens de água, até que o volume se mantenha constante.

OBSERVAÇÕES:

		AREIA FINA	AREIA GROSSA
1.	Volume inicial de 500 g de areia seca, V_1		
2.	Volume final de areia saturada		

QUADRO DE OBSERVAÇÃO:

	AREIA FINA			AREIA GROSSA		
Sr. Não.	% Água adicionada em massa	Volume de areia húmida V_2	Fator de volume V_2/V_1	% Água adicionada em massa	Volume de areia húmida V_2	Fator de volume V_2/V_1
1.						
2.						
3.						
4.						
5.						
6.						
7.						

8.						
9						
10						
11						
12						

RESULTADOS:

% máxima de volume = $\{(v_2-v_1)/v_1\}$ x 100 =

1. A percentagem máxima de volume da areia grossa é de __________% e fator de volume quando o teor de humidade é de __ __________ %
2. A percentagem máxima de volume de areia fina é de __________% e fator de volume quando o teor de humidade é de __ __________ %

GRÁFICO:

Desenhar o gráfico do teor de humidade em percentagem da massa seca em função do fator de volume para a areia grossa e para a areia fina, utilizando os mesmos eixos de coordenadas, e compará-los. Se o volume da areia saturada for inferior ao da areia seca, faça as correcções necessárias nas leituras e indique-as.

CONCLUSÃO:

C: INTRODUÇÃO AO BETÃO

ESPECIFICAÇÕES PARA O BETÃO: (IS 456-2000) GRAU:

O betão deve ser fabricado nos graus designados a seguir. A resistência caraterística é definida como a resistência do material abaixo da qual não se espera que caia mais de 5% dos resultados dos ensaios.

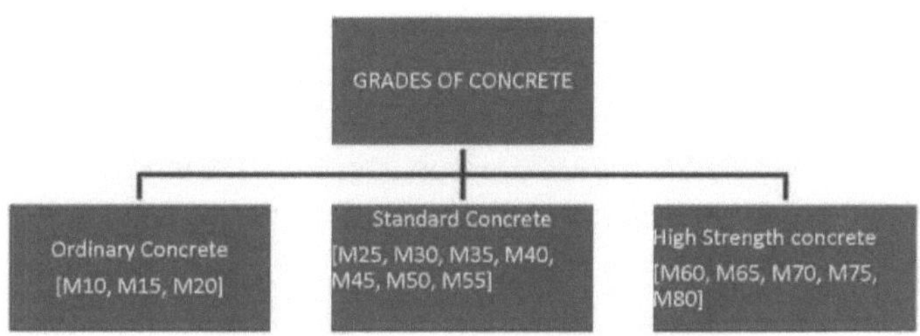

Fig. 1 GRAUS DE CONCRETO

Nota 1: Na designação da mistura de betão, a letra M refere-se à mistura e o número à resistência caraterística especificada à compressão do cubo de 150 mm aos 28 dias, expressa em N/mm^2.

Nota 2: Para a utilização de betões de classe superior a M55, deve ser consultada literatura especial.

Nota 3: As classes de betão inferiores a M20 não devem ser utilizadas em betão armado.

Nota 4: No que se refere à durabilidade do betão, as exposições do betão são definidas como ligeiras, moderadas, severas, muito severas e extremas. O teor mínimo de cimento, a relação água-cimento livre máxima e o grau mínimo de betão a utilizar para tais exposições são dados no quadro 5 da IS: 456-2000 e devem ser referidos antes de se fixar a resistência-alvo dos betões simples e armados.

PROPRIEDADES DO BETÃO:

Nota 1: Normalmente, verifica-se um aumento da resistência para além dos 28 dias. A quantidade de aumento depende do grau e do tipo de cimento, da cura e das condições ambientais, etc. O projeto deve basear-se na resistência caraterística do betão aos 28 dias, a menos que existam provas que justifiquem uma resistência mais elevada para uma determinada estrutura devido à idade.

Nota 2: Quando as barras são sujeitas a uma carga direta menor durante a construção, devem ser verificadas quanto às tensões resultantes da combinação da carga direta e da flexão durante a construção.

Nota 3: As tensões admissíveis das resistências de projeto devem basear-se nos valores aumentados da resistência à compressão.

RESISTÊNCIA À TRACÇÃO DO BETÃO:

A resistência à flexão e à tração por compressão deve ser obtida conforme descrito nas normas IS 516 -1959 e IS 5816 - 1970, respetivamente. Quando o projetista desejar utilizar uma estimativa da resistência à tração a partir da resistência à compressão, pode ser utilizada a seguinte fórmula

$$\text{Resistência à flexão} = 0.7\sqrt{f_{ck}} \ \ N/mm^2$$

Onde, fck = resistência caraterística do betão.

DEFORMAÇÃO ELÁSTICA:

O módulo de elasticidade é influenciado principalmente pelas propriedades elásticas do agregado e, em menor grau, pelas condições de cura e idade do betão, pelas proporções da mistura e pelo tipo de cimento. O módulo de elasticidade está normalmente relacionado com a resistência à compressão do betão. O módulo de elasticidade do betão estrutural pode ser assumido da seguinte forma

$$E_c = 5000\sqrt{f_{ck}}$$

Em que, E_c é o módulo de elasticidade estático a curto prazo em N/mm^2

e f_{ck} é a resistência caraterística do betão ao cubo em N/mm^2

MISTURA NOMINAL DE BETÃO:

OUTRAS PROPRIEDADES:

Para outras propriedades, como a fluência do betão e a expansão térmica do betão, deve ser consultada a norma IS: 456-2000.

Pode ser utilizado para betões das classes M5, M7.5, M10, M15 e M20. A proporção de materiais para o betão de mistura nominal deve estar de acordo com o Quadro 2.

TABELA 2: PROPORÇÕES PARA BETÃO DE MISTURA NOMINAL

<table>
<tr><th>Grau de betão</th><th>Quantidade total de agregado seco, em massa, por 50 kg de cimento, a considerar como a soma das massas individuais de finos e C.A., kg máx.</th><th>Proporção de F.A. para C.A. (em massa)</th><th>Qtd. De água por 50 kg de cimento máx., litros</th></tr>
<tr><td>1</td><td>2</td><td>3</td><td>4</td></tr>
<tr><td>M 5</td><td>800</td><td rowspan="5">Geralmente 1:2, mas sujeito a um limite superior de 1:1.5 e a um limite inferior de 1:2.5</td><td>60</td></tr>
<tr><td>M 7.5</td><td>625</td><td>45</td></tr>
<tr><td>M 10</td><td>480</td><td>34</td></tr>
<tr><td>M 15</td><td>330</td><td>32</td></tr>
<tr><td>M 20</td><td>250</td><td>30</td></tr>
<tr><td colspan="4">Nota: A proporção de agregados finos e grossos deve ser ajustada do limite superior para o limite inferior progressivamente, à medida que a granulometria dos agregados finos se torna mais fina e a dimensão máxima dos agregados grossos se torna maior. Devem ser utilizados agregados graduados.

Exemplo: Para uma classificação média de agregado fino (ou seja, zona II da Tabela 4 da IS: 383-1970), as proporções devem ser 1:1.5; 1:2; 1:2.5 para a dimensão máxima dos agregados 10 mm, 20 mm e 40 mm, respetivamente.</td></tr>
</table>

M 20 CONCRETO:

Apresenta-se aqui um cálculo típico para obter as massas dos diferentes materiais para produzir uma mistura de betão nominal de classe M20. Os alunos devem utilizar os seus próprios dados para a classificação, densidade aparente, etc.

Partindo de uma classificação média de areia, ou seja, areia da zona II, a proporção de F.A.:C.A. será de 1:2.

Para 50 kg (1 saco) de cimento, a massa máxima de FA+CA = 250 kg, ou seja, para 1 kg de cimento, FA + CA = 5,0 kg (máx.).
ou seja, FA: CA = 1:2 = 1,67 kg: 3,33 kg

Densidade a granel do cimento = 1,4 kg/litro
FA & CA = 1,6 kg/litro

Proporções em massa = 1,0 kg: 1,67 kg: 3,33 kg
C FA CA

Multiplicar por 1,4= 1,4 kg: 2,33 kg: 4,66 kg
C FA CA

Para obter as proporções em volume, dividir pela respectiva densidade aparente

	C	FA	CA
Proporções em volume (FA:CA = 1:2) digamos	1 1	1.46 1.50	2.9 3.0
Proporções em massa (FA:CA = 1:2)	1	1.66	3.33

Cálculos para a presente experiência:

Sr. Não.	**Espécime**	**Dimensão**	**Volume**	**N.º de espécimes**	**Volume total**
1					
2					
3					

Volume total =

Densidade (**p**) = $\frac{\text{Massa (M)}}{\text{Volume (V)}}$

Densidade do betão =

Massa do betão = Densidade do betão x Volume do betão

Para betão de grau M20

CimentoAgregado

50 Kg (1 saco) → 250 Kg
1 Kg → 5 Kg

FA : CA = 1:2
Assim, 5 kg de agregado são divididos entre FA e CA da seguinte forma Cimento : Agregado fino : Agregado grosso

1 : 1.66 : 3.33

Massa = 1 + 1,67 + 3,33 = 6

Cimento = (1/6) x Massa de betão =

FA = (1,67/6) x Massa de betão =

CA = (3,33/6) x Massa de betão =

Relação W/C =

Água =

Veremos nas experiências com o betão que a resistência do betão é inversamente proporcional à relação água-cimento. De acordo com a tabela IS, o betão preparado utilizando a relação água-cimento livre máxima, dar-nos-á a resistência necessária. Assim, tentaremos utilizar a menor relação água-cimento possível. Veremos também que a trabalhabilidade do betão é diretamente proporcional à relação água-cimento. Os trabalhadores em obra gostam de aumentar a relação água/cimento. Devemos utilizar a relação água-cimento que satisfaça ambos os requisitos, mas não mais de 0,6. Para betão de grau superior, não se pode utilizar a mistura nominal, mas sim a mistura de projeto. Note-se que, se for utilizada areia volumosa, devem ser utilizadas as respectivas correcções para a água presente nos agregados finos.

EXPERIÊNCIA-8
ENSAIO DE ABATIMENTO

Objetivo: Determinar o abatimento do betão de grau M 20 com as seguintes relações água-cimento:
a) a/c = 0,45 b) a/c = 0,5 c) a/c = 0,55 d) a/c = 0,60

APARELHOS:

- Molde em forma de tronco de cone, denominado slump cone
- Haste de compactação, 16 mm de diâmetro, 600 mm de comprimento, arredondada numa extremidade
- Calha
- Espátula
- **Chapas** lisas GI, escamas de aço

TEORIA: A trabalhabilidade é a facilidade com que a mistura de betão flui para o canto remoto da cofragem. Em termos mais científicos, é a propriedade do betão que determina a quantidade de trabalho interno útil necessário para produzir uma compactação total. Para uma compactação total, a mistura de betão possui três propriedades: Mobilidade, coesividade durante o movimento da mistura e ausência de aspereza na obtenção de um acabamento superficial liso para a betonagem. A água é o fator individual mais importante que afecta a mobilidade, uma vez que lubrifica os ingredientes e reduz a fricção interna. Mas a água não pode ser aumentada indefinidamente para aumentar a mobilidade. A fricção interna pode ser reduzida diminuindo a área de superfície através da adoção de uma classificação mais grosseira do agregado. Uma granulometria demasiado grosseira pode levar à segregação e à perda de coesão, essencial para manter a homogeneidade da mistura. Para além do teor de cimento, é necessário assegurar a presença de partículas finas com mais de 300 mícrones. A dureza do betão pode ser eliminada se houver uma proporção adequada de argamassa para preencher os espaços vazios no agregado grosso. A garantia de uma relação correcta entre o agregado fino e o agregado grosso é outro fator para obter uma boa trabalhabilidade.

Não existem ensaios disponíveis que meçam quantitativamente todas estas propriedades. De entre os vários ensaios disponíveis sobre a trabalhabilidade, duas ferramentas comummente conhecidas, nomeadamente o ensaio de abatimento e o ensaio do fator de compactação, serão abordadas na experiência seguinte.

TESTE DE QUEDA:
O ensaio de abatimento, cuja realização será descrita nos parágrafos seguintes, dá uma medida da trabalhabilidade da mistura em termos do abatimento observado após o afundamento de uma mistura de betão. Pode-se ter uma ideia bastante boa da coesão batendo suavemente na plataforma em que se encontra o cone. Uma mistura bem coesa continua a aluir sem que o agregado grosso tenda a cair da mistura durante a batida. A dureza do betão pode ser detectada ao espalhar a mistura para obter uma superfície lisa. O betão áspero é normalmente sub-lixado e não dá um acabamento liso à superfície, mesmo com a aplicação de espátula sob pressão. Uma mistura normalizada adequada permite obter um acabamento liso com uma alisagem normal. Uma mistura demasiado lixada proporciona um acabamento liso, mesmo com uma espátula ligeira.

Limitações do ensaio de abatimento: Devido à sua simplicidade na realização da experiência e à sua sensibilidade a alterações no teor de humidade dos sucessivos ingredientes misturados, é amplamente utilizado no campo para avaliar a trabalhabilidade. Este ensaio tem limitações. O abatimento observado, em rigor, não está relacionado com o trabalho interno útil necessário para uma compactação completa, podendo obter-se grandes variações com o mesmo betão. São obtidos três tipos de abatimentos:

a) Verdadeiro declínio

b) Abatimento por cisalhamento

c) Queda de colapso

O abatimento por colapso é normalmente obtido com misturas magras, duras ou muito húmidas. É difícil medir o abatimento quando se obtém o abatimento por cisalhamento. Geralmente, o betão que apresenta um abatimento por cisalhamento ou por colapso é considerado insatisfatório para colocação. As misturas ricas comportam-se normalmente melhor do que as misturas magras secas e muito húmidas.

Seleção do abatimento: O abatimento observado durante o ensaio deve ser comparado com um valor padrão de abatimento considerado desejável para vários tipos de condições de colocação e vibração. Basicamente, escolhe-se um abatimento mais elevado quando a vibração é feita manualmente, as secções são pequenas ou fortemente reforçadas. Além disso, quanto maior for a dimensão nominal do agregado, mais abatimento é preferido.

GRAU DE TRABALHABILIDADE PARA DIVERSAS NECESSIDADES (IS: 4562000)

Colocação de condições	**Grau de trabalhabilidade**	**Deslizamento em mm**
Betão cego, secções pouco profundas, pavimentos com pavimentadoras	Muito baixo (slump não recomendado)	Utilizar C.F. (0,75-0,80)
Betão maciço, secções ligeiramente armadas em lajes, vigas, paredes, pilares, pavimentos, pavimentos colocados à mão, revestimento de canais, sapatas	Baixa	25-75
Secções fortemente armadas em lajes e vigas,	Médio	50-100
paredes, pilares, trabalhos em cofragem, betão bombeado	Médio	75-100
Enchimento de valas, betão in situ	Elevado	100-150
Betão Tremie	Muito elevado	*
* **O** método de determinação do fluxo (IS:9103) é recomendado para o betão tremido		
Nota: Para a maioria das condições de colocação, os vibradores internos (vibradores de agulha) são adequados. O diâmetro da agulha deve ser determinado com base na densidade e no espaçamento dos varões de reforço e na espessura das secções. No caso do betão tremido, não é necessária a utilização de		

PROCEDIMENTO:

1. A superfície interna do molde é cuidadosamente limpa e libertada da humidade supérflua e do betão endurecido, caso exista, antes de se iniciar o ensaio.
2. O molde é colocado sobre uma superfície lisa, horizontal, rígida e não absorvente, como uma placa de metal cuidadosamente nivelada.
3. O molde é mantido firmemente no lugar antes de o betão ser preenchido
4. O betão a ensaiar é colocado no molde em quatro camadas, tendo cada camada aproximadamente um quarto da altura do molde. Cada camada é compactada com 25 pancadas da extremidade redonda da barra de compactação. O golpe deve ser distribuído por toda a área do molde.
5. Depois de a camada superior ter sido betonada, o betão deve ser nivelado com uma espátula ou com a vareta de calcar, de modo a que o molde fique exatamente preenchido. Limpa-se toda a argamassa que tenha saído entre o molde e a placa de base.
6. O molde é imediatamente levantado do betão, lenta e cuidadosamente, na direção

vertical. Isto permite que o betão diminua e o abatimento é medido imediatamente através da determinação da diferença entre a altura do molde e a altura do ponto mais alto do provete a ser ensaiado, em mm.

(B): Para verificar os efeitos do rácio FA/CA, do rácio agregado total/cimento, observar os efeitos do rácio w/c no slump.

1. Assumir uma proporção adequada, por exemplo, 1:2:4 e 1:2,5:3,5 em volume ou em massa.
2. Calcular os ingredientes para um lote de 3 kg de cimento.
3. Efetuar três ensaios, medir o abatimento e observar a trabalhabilidade, a aspereza e a coesão.

PRECAUÇÕES:

1. O ensaio deve ser efectuado num local isento de vibrações ou choques e num período de dois minutos após a mistura, se se tratar de um ensaio de campo. No caso de ensaios de laboratório, podem ser obtidos resultados fiáveis correspondentes às condições do local se o ensaio de abatimento for efectuado 10 minutos após a mistura.
2. Se o abatimento do abatimento se deslocar lateralmente, o ensaio pode ser repetido e, se se obtiverem novamente os mesmos resultados, o facto deve ser registado e o abatimento medido.

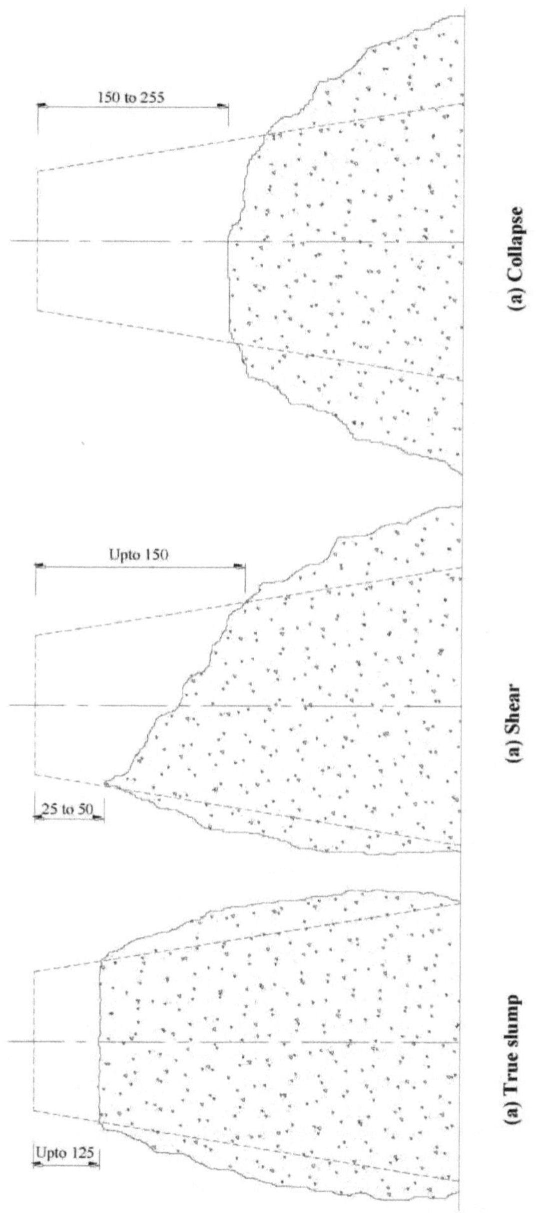

Nota: Todas as dimensões estão em mm.

PADRÕES DE QUEDA

OBSERVAÇÕES:

1. M - BETÃO (MISTURA NORMAL), A/C = ____________

Particularidades	Cimento :Agg. (1:2)	Total	FA: CA	FA	CA	Água Adicionado	W/C Rácio	Queda	Trabalhabilidade
1.	2.	3.	4.	5.	6.	7.	8.	9.	10.
Proporções iniciais por volume/saco de cimento									
Lote de ensaio em laboratório por kg de cimento em volume.									
Proporções em peso (multiplicar pela densidade aparente)									
I Julgamento II Ensaio III Ensaio									

DENSIDADE APARENTE APROXIMADA DO AGREGADO = 1600 KG/M3

DENSIDADE APARENTE DO CIMENTO = 1400 KG/M^3

RESULTADO:

A queda para ....

1. M 20, a/c = 0,45 é = ____________
2. M 20, a/c = 0,50 é = ____________
3. M 20, a/c = 0,55 é = ____________
4. M 20, a/c = 0,60 é = ____________

CONCLUSÃO:

EXPERIMENTAÇÃO-9
ENSAIO DO FACTOR DE COMPACTAÇÃO

OBJECTIVO: Determinar o rácio do fator de compactação para o betão M 20 para a) a/c = 0,45 b) a/c = 0,50 c) a/c = 0,55 d) a/c = 0,60

APARELHOS:

> Aparelho de fator de compactação de acordo com IS: 5515-1983
> Duas colheres de pedreiro
> Colher de mão
> Haste de compactação
> Máquina de massa de plataforma.

TEORIA: A trabalhabilidade é a quantidade de trabalho necessária para atingir a compactação total do betão. Nas misturas secas, o ensaio de abatimento não fornece o abatimento e é necessário um método mais sensível para detetar a alteração da trabalhabilidade. O ensaio do fator de compactação funciona com base no princípio de determinar o grau de compactação alcançado por uma quantidade padrão de trabalho, permitindo que o betão caia através de uma altura padrão. O grau de compactação, denominado fator de compactação, é medido pela relação de densidade, ou seja, a relação entre a densidade efetivamente obtida no ensaio e a densidade do betão totalmente compactado. É, portanto, um método mais racional do que o ensaio de abatimento e é particularmente adequado para secar misturas com baixo abatimento. Este método é útil em ensaios laboratoriais mas, se possível, pode ser efectuado no local.

PROCEDIMENTO:

1. Colocar suavemente a amostra de betão na tremonha superior com uma colher de mão. Encher o betão até ao nível da borda.
2. Abrir o alçapão para que o betão caia na tremonha inferior.
3. Se o betão se colar aos lados da tremonha, empurre-o suavemente com a ajuda da vara a partir de cima.
4. Abrir o alçapão da tremonha inferior e deixar cair o betão no cilindro.
5. Com o plano da lâmina da talocha em cada uma das mãos e movendo-as simultaneamente uma de cada lado ao longo do topo do cilindro, mantendo-as ao mesmo tempo pressionadas sobre o bordo superior do cilindro, retirar o excesso de betão que fica acima do nível do topo do cilindro.

6. Limpar o exterior do cilindro.

7. Determina a massa do cilindro.
8. Voltar a encher a garrafa com as mesmas amostras de betão, em camadas de cerca de 50 mm de profundidade. As camadas são fortemente compactadas ou, de preferência, vibradas de modo a obter uma compactação total.
9. Limpar a parte exterior do cilindro e voltar a massajá-lo.

PRECAUÇÕES:

Para obter resultados rigorosamente comparáveis, o ensaio deve ser efectuado a intervalos de tempo constantes após a conclusão da mistura. Verificou-se que o momento conveniente para libertar o betão da tremonha superior é 2 minutos após a conclusão da mistura.

OBSERVAÇÕES:

M 20 BETÃO (MISTURA NOMINAL) A/C =

	Espécimes		
	I	II	III
Massa do cilindro (M_1) kg			
Massa do cilindro + betão em queda através da altura padrão (M_2) kg			
Massa do betão parcialmente compactado ($M_2 - M_1$)= (M_3) kg			
Massa do betão totalmente compactado + cilindro (M_4) kg			
Massa do betão totalmente compactado (M_4-M_1) = (M_5) kg			
Fator de compactação (M_3/M_5)			

Figura: Ensaio do fator de compactação

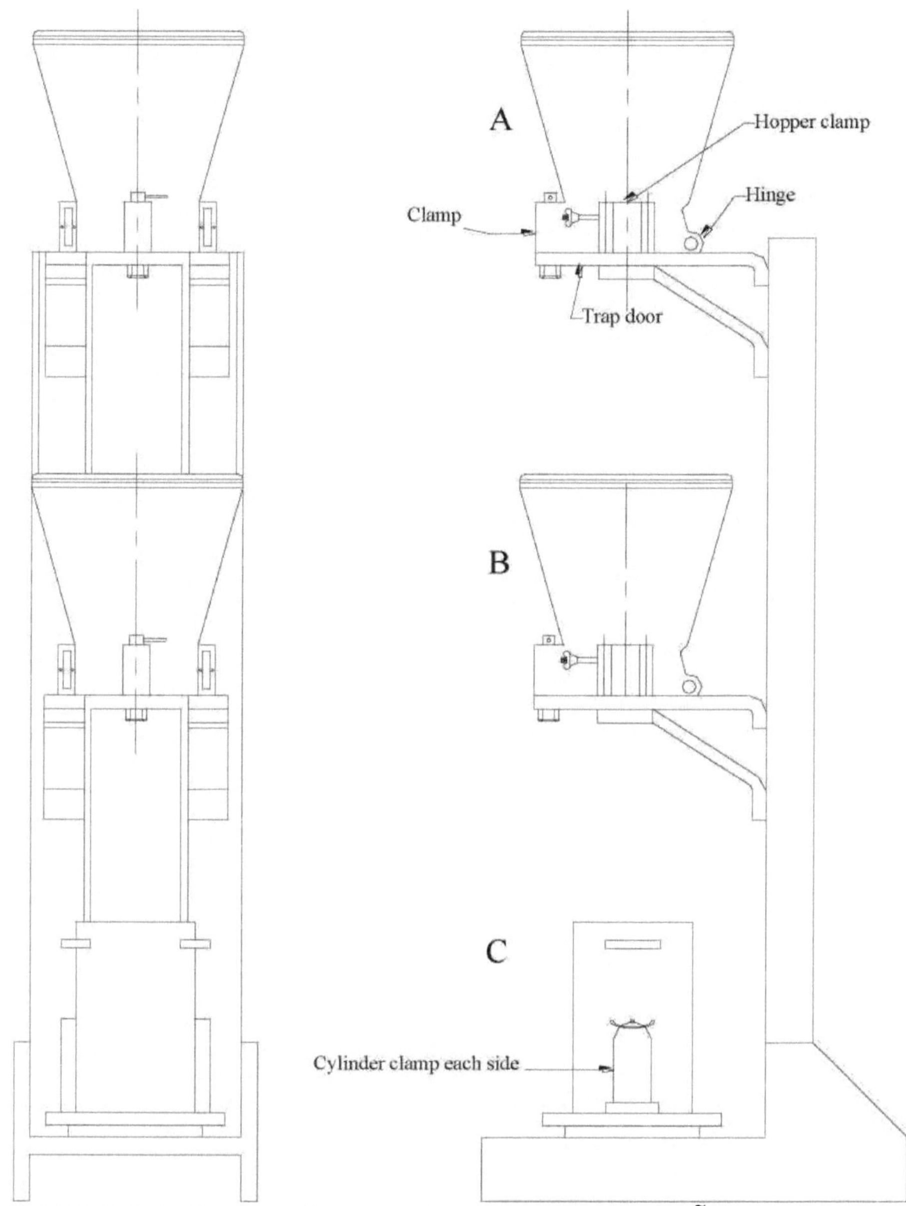

APARELHO DE FACTOR DE COMPACTAÇÃO

RESULTADOS:

Os factores de compactação são os seguintes

1. M 20, A/C = 0,45, RELAÇÃO CF = _______

2. M 20, A/C = 0,50, RELAÇÃO CF = _______

3. M 20, A/C = 0,55, RELAÇÃO CF = _______

4. M 20, A/C = 0,60, RELAÇÃO CF = _______

CONCLUSÃO:

EXPERIMENTAÇÃO-10
RESISTÊNCIA À COMPRESSÃO DO BETÃO

OBJECTIVO: Determinar a resistência à compressão do betão de tipo M 20 com a) a/c = 0,45 b) a/c = 0,50 c) a/c = 0,55 d) a/c = 0,60

APARELHOS:

■=> Moldes de cubos com 100 mm e 150 mm de dimensão, de acordo com a norma IS 516-1959, moldes de cilindros com 150 mm de diâmetro x 300 mm de altura, de acordo com a norma IS 156-1959

■=> Espátulas

■=> Folha G.I. para mistura

■=> Haste de compactação com 16 cm de diâmetro e 600 mm de comprimento, com ponta de bala na extremidade inferior

■=> Placa de vidro com espessura superior a 6,5 mm ou placa de metal maquinada com 1,3 mm de espessura e dimensões superiores a 175 mm

■=> Máquina de ensaio de compressão de 100 toneladas

TEORIA: Entre as várias resistências do betão, a determinação da resistência à compressão tem sido alvo de grande atenção, uma vez que o betão se destina principalmente a suportar tensões de compressão.

O betão que é forte à compressão é também bom noutras qualidades. Quanto maior for a resistência à compressão, maior será a durabilidade. A resistência da ligação é importante nas estruturas de betão armado. A resistência à compressão também indica o grau de controlo exercido durante a construção. A resistência à abrasão e a estabilidade do volume melhoram com a resistência à compressão. O ensaio de resistência à compressão é, portanto, muito importante no controlo da qualidade do betão.

Na prática de engenharia, assume-se que a resistência do betão a uma determinada idade e sob determinadas condições de cura a uma temperatura prescrita depende principalmente de dois factores apenas, ou seja, a relação água/cimento e o grau de compactação.

Quando o betão está totalmente compactado, a sua resistência é considerada inversamente proporcional à relação água/cimento. Esta relação foi precedida por uma chamada "lei", mas na realidade uma regra, estabelecida por Duff Abrams em 1919. Ele descobriu que a resistência era igual a

$$f_c = \frac{K_1}{K_2^{w/c}}$$ Onde, *fc* = Resistência do betão

K1 e K2 = Constantes empíricas

A forma geral da relação resistência versus água/cimento é mostrada abaixo.

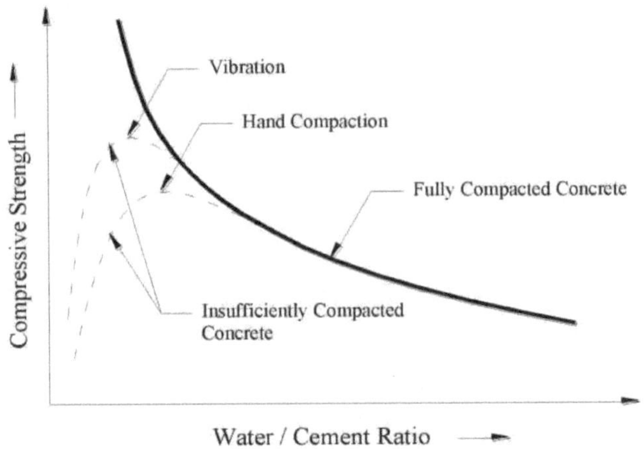

Fig. 1 Relação entre a resistência e a relação água/cimento do betão

A preparação e a realização da resistência à compressão são comparativamente fáceis e dão resultados mais consistentes do que a resistência à tração ou à flexão. Este ensaio para determinar a resistência à compressão do betão assumiu, portanto, a máxima importância.

Os cubos e os cilindros são os três tipos de provetes de ensaio de compressão utilizados para determinar a resistência à compressão. Os cubos têm geralmente 100 mm ou 150 mm de lado, enquanto os cilindros utilizados têm 150 mm de diâmetro e 300 mm de altura. Sempre que os cilindros são utilizados para obter resultados de resistência à compressão, a resistência do cubo pode ser calculada com a seguinte fórmula:

Resistência mínima necessária à compressão do cilindro = 0,8 x resistência à compressão especificada para um cubo de 150 mm.

PROCEDIMENTO:

Encher o molde:

> Preencher o molde com betão em camadas com cerca de 50 mm de profundidade, movendo a pá à volta do bordo superior do molde à medida que o betão desliza, de modo a assegurar uma distribuição simétrica do betão no molde.

Compactação:

> Se a compactação for feita à mão, tapar com a vareta normalizada, distribuindo as pancadas uniformemente pela secção transversal do molde. Para cubos de 15 cm, o número de pancadas não deve ser inferior a 35 por camada e 25 pancadas para cubos de 10 cm. Para os espécimes cilíndricos, o número de pancadas não deve ser inferior a 30 por camada. As pancadas devem penetrar na camada sublinhada. Calcar os lados do molde para fechar os espaços vazios deixados pelas barras de calcar.

> Se a compactação for feita por vibração, cada camada é compactada por meio de um martelo vibratório, de um vibrador ou de uma mesa vibratória adequados. O modo e o quantum de vibração do provete de laboratório devem ser tão próximos quanto os adoptados nas operações reais.

Tampa:

> Os provetes cilíndricos são tapados com uma camada espessa de cimento puro, geralmente 2 ou 3 horas após as operações de moldagem. As tampas devem ser formadas por uma placa de vidro ou de metal. Trabalhar a placa no molde até que a sua superfície inferior assente no topo do molde.

> O cimento de capeamento deve ser misturado até formar uma pasta rígida cerca de 2 horas antes de ser utilizado, a fim de evitar a tendência para a contração do capeamento. A aderência da pasta à placa de capeamento pode ser evitada revestindo a placa com uma fina camada de óleo ou massa lubrificante.

Cura:

> Armazenar o provete num local durante 24 + 0,5 horas a partir do momento da adição da água aos ingredientes secos. No final deste período, retirá-los do molde e submergir imediatamente em água limpa e fresca, devendo ser retirados imediatamente antes do ensaio. A água em que o provete está submerso deve ser renovada de 7 em 7 dias.

> **Ensaio de resistência à compressão:**

- Idade do teste: Normalmente, o teste é efectuado após 7 dias e 28 dias, sendo os dias medidos a partir do momento em que a água é adicionada aos ingredientes secos.

- Testar pelo menos 3 espécimes de cada vez.
- Testar os espécimes imediatamente após a sua remoção da água e, enquanto ainda estiverem húmidos, limpar a água da superfície. Se as amostras forem recebidas secas, mantê-las em água durante 24 horas antes de as testar.
- **Anotar** as dimensões com uma aproximação de 0,2 mm e anotar também a massa.

> **Colocação do espécime na máquina:**

- Colocar o provete de modo a que a carga seja aplicada em lados opostos dos cubos tal como foram moldados, ou seja, não no topo e na base.
- Alinhar cuidadosamente o centro de pressão da placa de assento esférico.
- Aplicar a carga lentamente e à taxa de 14 N/mm2/min até à rotura do cubo.
- Anotar a carga máxima e o aspeto da falha do betão, ou seja, se o agregado se partiu ou se a pasta de cimento se separou do agregado, etc.

PRECAUÇÕES: Certificar-se de que a carga é aplicada no centro. Mesmo uma pequena excentricidade pode causar desvios graves.

OBSERVAÇÕES: (PARA UM ÚNICO LOTE)

		ESPÉCIMENOS					
		CUBOS			**CILINDROS**		
		1	**2**	**3**	1	**2**	**3**
Mistura de betão M							
relação a/c =							
Número de identificação							
Produzido em:	**Data**						
	Tempo						
Testado em: (7 dias)	**Data**						
	Tempo						
Testado em: (28 dias)	**Data**						
	Tempo						
Idade do teste (horas)							
Medidas:	**Comprimento a**						
	Largura b (mm)						

	Altura c (mm)						
Área sujeita a compressão:	A= a x b $(mm)^2$						
Volume sujeito a compressão:	V = A x c $(mm)^3$						
Massa do cubo, Mc (N)							
Peso unitário do cubo, Wc/V $(kg/m)^3$							
Carga de rotura, P (N)							
Resistência à compressão:	F_{ck} = P/A $(N/mm)^2$						
Resistência média à compressão, f_{ck} $(N/mm)^2$							
Desvio percentual em relação ao valor médio							

RESULTADOS:

A resistência à compressão do betão aos 28 dias de f_{ck} é

1. M __, W/C = 0,45, f_{ck} = __________
2. M __, W/C = 0,50, f_{ck} = __________
3. M __, W/C = 0,55, f_{ck} = __________
4. M __, W/C = 0,60, f_{ck} = __________

CONCLUSÃO:

EXPERIMENTAÇÃO-11
RESISTÊNCIA À FLEXÃO DO BETÃO

OBJECTIVO: Determinar a resistência à flexão de uma viga 100 x 100 x 500 mm para um betão de grau M 20 para uma determinada relação água/cimento

APARELHOS:

Molde de viga padrão 150 mm x 150 mm x 700 mm. Se a maior dimensão não exceder 19 mm, a dimensão pode ser de 100 mm x 100 mm x 500 mm. Para especificações pormenorizadas, consultar a norma IS: 516 - 1959.

- ▪=> Barra de compactação
- ▪=> Espátulas
- ▪=> Colher de mão
- ▪=> Máquinas universais de ensaio de 20 toneladas

TEORIA: A determinação da resistência à tração por flexão é essencial para estimar a carga a que os elementos de betão podem fissurar. Como é difícil avaliar a resistência à tração por ensaio de tração direta, optamos por ensaios de flexão. . A ausência de fissuração é de grande importância para manter a continuidade de uma estrutura de betão e evitar a corrosão das armaduras. O conhecimento da resistência à tração do betão é vital no projeto de lajes de pavimento e pistas de aterragem, uma vez que a tensão de flexão é crítica nestes casos.

É provável que se desenvolvam tensões de tração no betão devido à retração por secagem, à oxidação das armaduras de aço, a gradientes de temperatura e a muitas outras razões. Uma laje de betão rodoviário é chamada a resistir a tensões de tração provenientes de duas fontes principais - cargas das rodas e alterações de volume no betão. A medição direta da resistência à tração do betão é difícil. Não foram concebidos provetes nem aparelhos de ensaio que assumam uma distribuição uniforme da tração aplicada ao betão.

O módulo de rutura é cerca de 1,3 a 1,8 vezes superior à resistência obtida no ensaio de tração direta. Este facto deve-se às seguintes razões.

1) A excentricidade acidental no ensaio de tração direta resulta numa menor resistência à tração aparente em comparação com os outros ensaios.

2) No ensaio de tração direta, todo o provete é sujeito a tensões de tração máximas, enquanto no ensaio de flexão, apenas as fibras inferiores no momento constante

são sujeitas a tensões de tração máximas, sendo as tensões menores em todos os outros locais. Por conseguinte, a probabilidade de ocorrer um elemento fraco e, assim, resultar em falha é comparativamente elevada no ensaio de tração direta.

3) No ensaio de flexão, o betão sob tensão perto do eixo neutro restringe a propagação da fissura, resultando assim numa carga de rotura mais elevada.

4) No ensaio de flexão, assume-se que a tensão é proporcional à distância da fibra ao eixo neutro. Na realidade, a distribuição de tensões é parabólica. Assim, o módulo de rutura sobrestima a resistência à tração do betão.

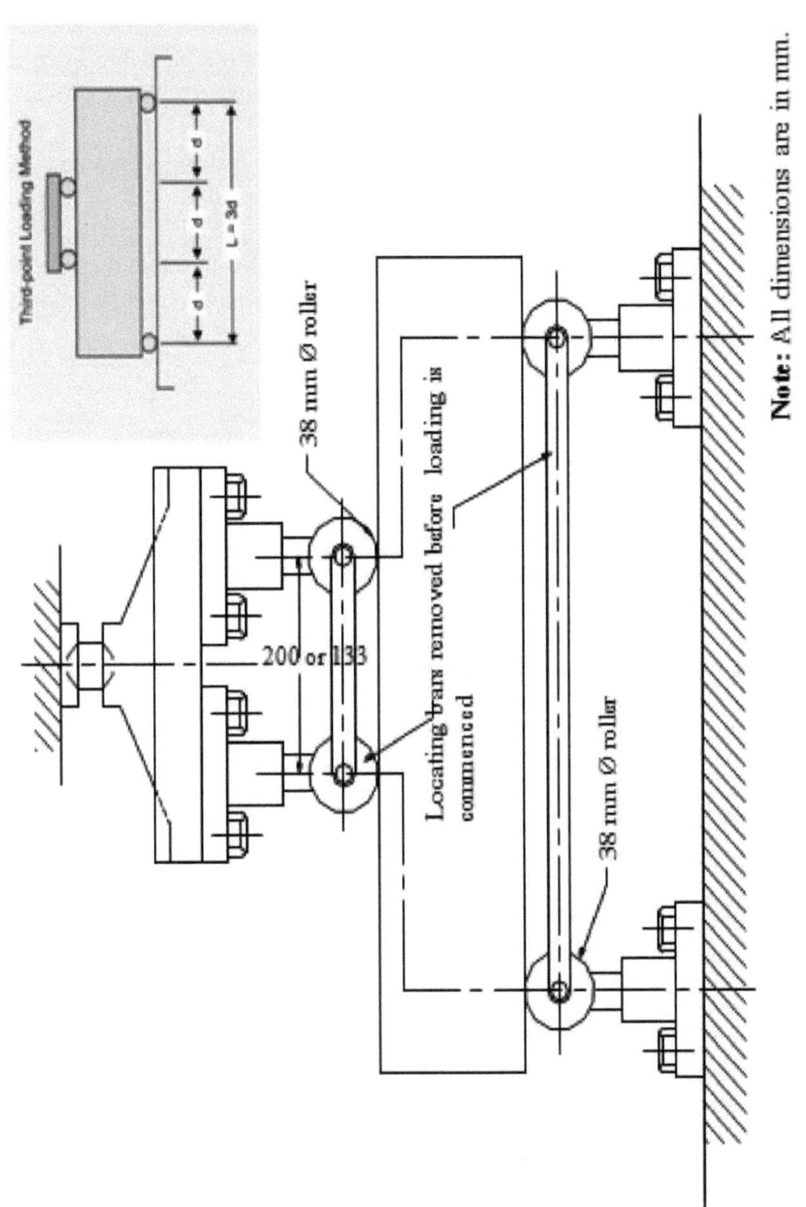

DISPOSIÇÃO DA CARGA DO ENSAIO DE FLEXÃO NO PROVETE DE VIGA

O valor do módulo de rutura (tensão extrema das fibras na flexão) depende da dimensão da viga e do modo de carregamento. Os sistemas de carregamento utilizados para determinar a tensão de flexão são o carregamento de ponto central ou o carregamento de dois pontos. No caso de carregamento por ponto central, a tensão máxima das fibras situar-se-á abaixo do ponto de carregamento onde o momento fletor é máximo. No caso de uma carga simétrica de dois pontos, a fenda crítica pode aparecer em qualquer secção, não suficientemente forte para resistir. As tensões serão maiores no terço médio, onde o B.M. é máximo. A carga de dois pontos produzirá um valor mais baixo de módulo de rutura do que a carga de ponto central. O I.S. especificou a carga de dois pontos.

A tensão de tração máxima atingida na fibra inferior da viga de ensaio é conhecida como

Resistência à flexão, $F_{cr} = 0.7\sqrt{f_{ck}} \quad N/mm^2$
"Módulo de rutura".

PROCEDIMENTO[IS 9399]:

1. O método de enchimento do molde, cura e medição das dimensões é o mesmo que o utilizado para o ensaio de resistência à compressão.

2. Colocar o provete na máquina de ensaio de modo a que a carga seja aplicada na superfície superior, tal como foi moldada, ao longo de duas linhas no meio, espaçadas de 200 mm para a viga de 700 mm e de 133,33 mm para a viga de 500 mm.

3. Aplicar a carga cuidadosamente sem choque e a uma taxa de 4 kN/min para o provete de 150 mm e a uma taxa de 1,80 kN/min para o provete de 100 mm.

4. Módulo de rutura (f_{cr}) = M/Z = 6M/(bd2)

Seja "a" a distância entre a linha de fratura e o apoio mais próximo.

(a) Quando a > 200 mm para um provete de 150 mm
> 133 mm para um provete de 100 mm
$M = PL/6$, $Z = (1/6)\ bd^2$
$f_{cr} = (PL/6) \times (6/bd)^2$
$= PL/bd^2$

Onde P é a carga total aplicada na viga, L é o comprimento da viga, b é a largura do feixe, d é a profundidade do feixe

(b) Quando 170 mm < a < 200 mm para um provete de 150 mm
110 mm < a < 133 mm para um provete de 100 mm
$M = Pa/2$, $Z = (1/6)\, bd^2$
$f_{cr} = (Pa/2) \text{ x } (6/bd)^2$
$= 3Pa/bd^2$

(c) Se a < 170 mm para um provete de 150 mm
a < 110 mm para um provete de 100 mm
Os resultados devem ser rejeitados.

OBSERVAÇÕES: (PARA UM ÚNICO LOTE)

		ESPÉCIMENOS		
		1.	**2.**	**3.**
Mistura de betão M _ W/C = _______				
Módulo de rutura prescrito	**3 dias**			
	7 dias			
Número de identificação				
Produzido em:	**Data**			
	Tempo			
Testado em:	**Data**			
	Tempo			
Idade do teste (horas)				
Medidas:	**Comprimento a (mm)**			
	Largura b (mm)			
	Altura c (mm)			
Volume:	**V = a x b x c (mm)^3**			
peso da viga, Wb (N)				
Peso unitário da viga, Wb/V (N/m)^3				
Carga de rotura, P (N)				

Módulo de rutura:	**F_{cr} = M/Z (N/mm)^2**			
Valor médio de F_{cr} (N/mm^2)				
Desvio percentual em relação ao valor médio				

RESULTADO:
A resistência à flexão do betão aos 28 dias,

1. M W/C =, f_{cr} =

CONCLUSÃO :

EXPERIÊNCIA-12
RESISTÊNCIA À TRACÇÃO DO BETÃO

OBJECTIVO: Determinar a resistência à tração do cilindro através de um ensaio de fendilhação para o betão M 20 para um determinado rácio água-cimento

APARELHOS:

1. Máquina de ensaio de compressão
2. Cilindros com 15 cm de diâmetro x 30 cm de altura
3. Folhas de contraplacado.

TEORIA: Este teste é por vezes designado por "Teste Brasileiro". Foi desenvolvido no Brasil em 1943. Quando um cilindro de betão é sujeito a cargas de compressão aplicadas ao longo de linhas diametralmente opostas, ou seja, quando a carga é aplicada ao longo da geratriz do cilindro, então um elemento no diâmetro vertical do cilindro é sujeito a uma tensão de compressão vertical

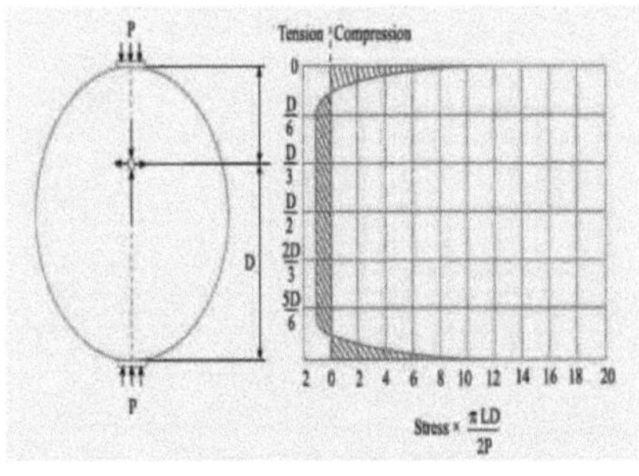

$$\sigma_c = \frac{2P}{\pi LD}\left[\frac{D^2}{r(D-r)} - 1\right]$$

and tensile stress in the lateral direction is given by

$$\sigma t = \frac{2P}{\pi LD}$$

Onde P = carga de compressão no cilindro,
L = comprimento do cilindro,
D = diâmetro do cilindro e
r & (D - r) = as distâncias do elemento às duas cargas, respetivamente.

A condição de carga produz uma elevada tensão de compressão imediatamente abaixo das duas geratrizes às quais a carga é aplicada. Mas a maior parte correspondente à profundidade está sujeita a uma tensão de tração uniforme que actua horizontalmente. Estima-se que a tensão de compressão actua em cerca de 1/6 da profundidade e os restantes 5/6 da profundidade estão sujeitos a tensão.

Para reduzir a magnitude de uma tensão de compressão elevada perto dos pontos de aplicação da carga, são colocadas entre o provete e a placa de carga da máquina de ensaio tiras de embalagem estreitas de material adequado, tal como contraplacado.

As tiras de embalagem devem ser suficientemente macias para permitir a distribuição da carga numa área razoável. No entanto, devem ser suficientemente estreitas e finas para evitar uma grande área de conteúdo.

PROCEDIMENTO [IS 5816]:

1. Colocar o cilindro com o seu eixo longitudinal na direção horizontal entre as placas da máquina de ensaio de compressão.
2. Colocar tiras estreitas de material de embalagem, como contraplacado, entre as placas e a superfície do cilindro.
3. A carga é aplicada a um ritmo tal que a tensão de tração que actua no diâmetro vertical aumenta a uma taxa de 0,7 N/mm /minuto.^{2}

PRECAUÇÃO:

As placas da máquina de ensaio não devem poder rodar num plano perpendicular ao eixo do cilindro, mas deve ser permitido um ligeiro movimento no plano vertical, de modo a acomodar um eventual não paralelismo das geratrizes do cilindro. A existência de rolos permite este mecanismo de regulação.

OBSERVAÇÃO:

		ESPÉCIMENOS		
		1.	**2.**	**3.**
Mistura de betão M				
Número de identificação				
Produzido em:	**Data**			
	Tempo			
Testado em:	**Data**			
	Tempo			
Idade do teste (horas)				
Medidas:	**Comprimento L (mm)**			
	Diâmetro D (mm)			
Carga de rotura, P (N)				
Tensão de tração, σ_t = 2 P/IILD (N/mm)^2				
Tensão de tração média (N/mm^2)				

RESULTADOS:

Os resultados dos diferentes lotes são os seguintes

Número do lote	1	2	3	4
Resistência à tração (N/mm)^2				
Rácio σ_t : f_{ck}				

CONCLUSÃO:

REFERÊNCIAS

Códigos de normas indianas

IS: 456 - código de práticas para betão simples e armado.
IS: 383 - Especificações para agregados finos e grossos de fontes naturais para betão.
IS: 2386 - Métodos de ensaio de agregados para betão.
IS: 2430 - Métodos de amostragem.
IS: 4082 - Especificações para a armazenagem de materiais.
IS: 2116 - teores admissíveis de argila, silte e poeiras finas na areia.
IS: 2250 - ensaio de resistência à compressão de cubos de argamassa de cimento.
IS: 269 - especificações para OPC de grau 33.
IS: 8112 - especificações para OPC de grau 43.
IS:12269 - especificações para OPC de grau 53.
IS: 455 - especificações para PSC (cimento de escória de Portland).
IS: 1489 - especificações para PPC (cimento Portland pozzolana).
IS: 6909 - especificações para SSC (cimento super sulfatado).
IS: 8041 - especificações para RHPC (cimento Portland de endurecimento rápido).
IS:12330 - especificações para SRPC (cimento portland resistente a sulfatos).
IS:10262 - códigos para a conceção de misturas de betão.
IS: 1199 - Métodos de amostragem e análise do betão.
IS: 516 - Métodos de ensaio da resistência do betão.
IS: 4925 - especificações para centrais de betão.
IS: 9103 - Especificações para aditivos para betão.

Livros

1. Concrete Technology - Theory and Practice - M. S. Shetty, ISBN: 9788121900034 S. Chand & Company Ltd Publishers -New Delhi.
2. Concrete Technology - Theory and Practice - M. L. Gambhir, ISBN: 9781259062551, Tata McGraw Hill Companies Publishers.
3. Tecnologia do betão - A. M. Neville, ISBN: 9788131705360, Pearson India Publishers.
4. Concrete Technology - A. R. Santhakumar, ISBN: 9780195671537 Oxford University Press Publishers -New Delhi.
5. Tecnologia do betão - Y. R. Phull, P. D. Kulkarni, R. K. Ghosh, ISBN: 9788122411355, New Age International Publishers.

Printed by Books on Demand GmbH, Norderstedt / Germany